Procreate+iPad 水彩绘画入门教程

秦小萍 编著

清華大學出版社
北 京

内 容 简 介

这是一本教大家用 Procreate 软件来绘制水彩画的教程。书中首先讲解了 Procreate 软件的使用基础；接着讲解如何草图起型、画线稿、上色、选色等绘画知识；最后通过花卉植物、小物件、饮品、甜品、美食、动物、场景、建筑八个主题的案例实操训练，帮助读者逐步进阶。

本书还提供了笔者自制的水彩笔刷、纸纹、色卡供大家在创作时直接使用。软件教程与案例绘制都有视频讲解，适合所有刚接触 iPad 绘制水彩画的读者阅读。

图书在版编目 (CIP) 数据

Procreate+iPad 水彩绘画入门教程 / 秦小萍编著 . —北京：清华大学出版社，2024.4(2025.1重印)

ISBN 978-7-302-65800-9

Ⅰ . ① P… Ⅱ . ①秦… Ⅲ . ①图像处理软件－教材 Ⅳ . ① TP391.413

中国国家版本馆 CIP 数据核字 (2024) 第 055784 号

责任编辑：韩宜波
封面设计：钱 诚
版式设计：方加青
责任校对：翟维维
责任印制：杨 艳

出版发行：清华大学出版社
网 址：https://www.tup.com.cn，https://www.wqxuetang.com
地 址：北京清华大学学研大厦 A 座 **邮 编：**100084
社 总 机：010-83470000 **邮 购：**010-62786544
投稿与读者服务：010-62776969，c-service@tup.tsinghua.edu.cn
质 量 反 馈：010-62772015，zhiliang@tup.tsinghua.edu.cn
印 装 者：三河市君旺印务有限公司
经 销：全国新华书店
开 本：185mm×260mm **印 张：**12 **字 数：**292 千字
版 次：2024 年 4 月第 1 版 **印 次：**2025 年 1 月第 5 次印刷
定 价：79.80 元

产品编号：102620-01

前 言

我从10年前开始画素描水粉，现在用iPad来绘制水彩画。现如今iPad已成为数码水彩的主流工具，为设计和插画类创作者提供了方便，可以让大家随时随地不受各种绘画工具的限制去完成自己的作品。但是，有很多学生或者插画设计爱好者，在iPad水彩方面技能薄弱，甚至还没有入门。

书中包含了绘画软件Procreate的使用方法，笔刷、纸纹、色卡的安装，基础绘画技法和绘画知识，以及八个主题的丰富绘画案例。对于想学习iPad绘画软件Procreate的读者，本书可以作为软件入门的工具书。如果你是刚接触iPad水彩的小白，本书可以作为系统的iPad水彩绘画教程。如果你是一个有绘画经验和软件基础的人，本书可以作为iPad水彩绘画风格拓展工具书。

希望大家通过学习本书讲述的经验和方法，掌握iPad水彩风格，了解数码水彩，并将相关知识和技法运用到工作中去，随时用iPad水彩绘画记录生活。

本书由秦小萍编写，同时感谢姚义琴等人在稿件编写过程中的支持和帮助。

由于作者水平有限，书中疏漏之处在所难免。感谢您选择本书，同时也希望您把宝贵的意见和建议反馈给我们。

编 者

随书附赠资源获取：微信扫二维码 

如何成功下载学习资源

笔刷、纸纹、色卡安装教程

水彩笔刷、纸纹、色卡文件下载

Procreate 软件教程资源下载

新手必看 iPad 水彩图层与技法视频教程

本书案例的图片素材、线稿和上色终稿下载

目　录

第 1 章　初识 iPad 数码水彩……001

1.1　iPad 绘画硬件工具……002
1.1.1　iPad 常用工具……002
1.1.2　Apple Pencil 常用工具……002
1.2　Procreate 软件基础……003
1.2.1　初识首页图库界面……003
1.2.2　绘画界面……007
1.3　水彩笔刷、纸纹画布、色卡的简介……019
1.3.1　水彩笔刷……019
1.3.2　水彩纸纹……021
1.3.3　水彩色卡……021

第 2 章　iPad 数码水彩手绘基础……022

2.1　草图绘制技巧……023
2.1.1　用几何图形辅助打型……023
2.1.2　用网格功能辅助打型……025
2.2　线稿绘制技巧……026
2.2.1　线条的力度……026
2.2.2　线条的颜色……026
2.2.3　线条的层次……026
2.2.4　线条的质感……027
2.2.5　绿植线稿绘制基础……027
2.3　上色绘制技巧……028
2.3.1　平涂上色……028
2.3.2　过渡颜色……028
2.3.3　接色……029
2.3.4　混色……029
2.3.5　叠色加深……029
2.3.6　点染……030
2.3.7　留白……030
2.3.8　喷溅……030
2.3.9　笔触……030
2.4　基础透视技巧……030
2.4.1　透视的基础规律……031
2.4.2　透视的类型……031
2.4.3　Procreate 透视辅助功能……032
2.5　立体感绘制技巧……033

第 3 章　iPad 数码水彩色彩基础……035

3.1　色彩的模式……036
3.2　选色功能详解……037

3.3 色彩的调配 ……………………………038
3.3.1 颜色区域的选色技巧………038
3.3.2 色相、饱和度、亮度………038
3.3.3 色彩的温度…………………039
3.4 色彩的借鉴 ……………………………040
3.4.1 图片的选择技巧 ……………040
3.4.2 图片的调整技巧 ……………040

第 4 章 暖系淡彩自然乐园 ……………041

4.1 玉兰花………………………………………042
4.1.1 玉兰花草图 …………………043
4.1.2 玉兰花线稿 …………………043
4.1.3 玉兰花上色 …………………044
4.2 银杏叶………………………………………048
4.2.1 银杏叶草图 …………………049
4.2.2 银杏叶线稿…………………049
4.2.3 银杏叶上色…………………050

4.3 多肉 ……………………………………053
4.3.1 多肉草图 …………………………054
4.3.2 多肉线稿 …………………………054
4.3.3 多肉上色 …………………………055
4.4 松塔花环……………………………………058

第 5 章 暖系淡彩收藏时光 059

5.1 留声机.................................. 060
5.1.1 留声机草图 061
5.1.2 留声机线稿 062
5.1.3 留声机上色 063
5.2 信箱..................................... 067
5.2.1 信箱草图.......................068
5.2.2 信箱线稿.......................069
5.2.3 信箱上色.......................069

第 6 章 暖系淡彩下午茶 072

6.1 芒果芝士奶茶 073
6.1.1 芒果芝士奶茶草图..........074
6.1.2 芒果芝士奶茶线稿..........075
6.1.3 芒果芝士奶茶上色..........075
6.2 西柚气泡水.......................... 079
6.2.1 西柚气泡水草图 080
6.2.2 西柚气泡水线稿 081
6.2.3 西柚气泡水上色 081

6.3 牛油果奶昔 084
6.3.1 牛油果奶昔草图 085
6.3.2 牛油果奶昔线稿 086
6.3.3 牛油果奶昔上色 086
6.4 小熊咖啡 090

第 7 章 暖系水彩治愈甜品 091

7.1 樱桃蛋糕 092
7.1.1 樱桃蛋糕草图 093
7.1.2 樱桃蛋糕线稿 093
7.1.3 樱桃蛋糕上色 094
7.2 橙子蛋糕卷 098
7.2.1 橙子蛋糕卷草图 099
7.2.2 橙子蛋糕卷线稿 099
7.2.3 橙子蛋糕卷上色 100

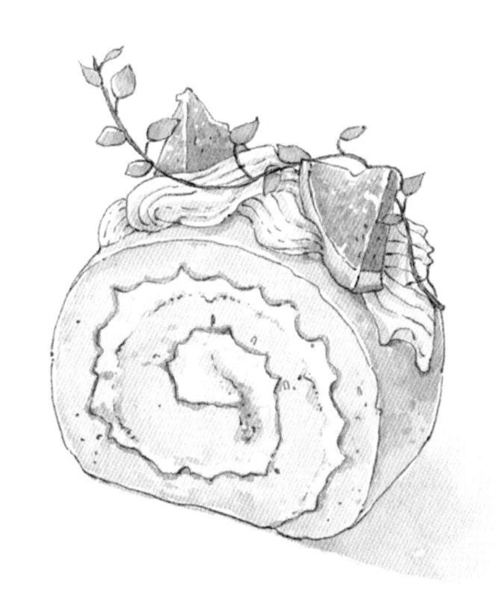

7.3 草莓可颂 103
7.3.1 草莓可颂草图 104
7.3.2 草莓可颂线稿 104
7.3.3 草莓可颂上色 105
7.4 华夫饼 109
7.5 无花果松饼 110

第 8 章 暖系淡彩味蕾盛宴 111

8.1 炸虾 112
8.1.1 炸虾草图 113
8.1.2 炸虾线稿 113
8.1.3 炸虾上色 114
8.2 芝士白玉丸子 118
8.2.1 芝士白玉丸子草图 119
8.2.2 芝士白玉丸子线稿 119
8.2.3 芝士白玉丸子上色 120
8.3 烤鸡腿 123
8.4 牛肉拌面 124
8.5 红油馄饨 125
8.5.1 红油馄饨草图 126
8.5.2 红油馄饨线稿 126
8.5.3 红油馄饨上色 127

第 9 章 暖系淡彩萌宠动物 132

9.1 猫咪与桃子 133
9.1.1 猫咪与桃子草图 134
9.1.2 猫咪与桃子线稿 134
9.1.3 猫咪与桃子上色 135
9.2 鸭子与向日葵 139

9.2.1 鸭子与向日葵草图...........140
9.2.2 鸭子与向日葵线稿...........140
9.2.3 鸭子与向日葵上色...........141
9.3 兔子与郁金香 144
9.3.1 兔子与郁金香草图...........145
9.3.2 兔子与郁金香线稿...........145
9.3.3 兔子与郁金香上色...........146
9.4 刺猬与蘑菇........................... 149
9.4.1 刺猬与蘑菇草图..............150
9.4.2 刺猬与蘑菇线稿..............150
9.4.3 刺猬与蘑菇上色..............151

第 10 章 暖系淡彩市场小景......156

10.1 编织花盆............................ 157
10.1.1 编织花盆草图...............158
10.1.2 编织花盆线稿...............158
10.1.3 编织花盆上色...............159
10.2 邮筒.................................. 162
10.2.1 邮筒草图.....................163

10.2.2 邮筒线稿.....................164
10.2.3 邮筒上色.....................164

第 11 章 暖系淡彩日式小店建筑........................169

11.1 少女杂货铺......................... 170
11.1.1 少女杂货铺草图............171
11.1.2 少女杂货铺线稿............171
11.1.3 少女杂货铺上色............172
11.2 日式美甲店......................... 178
11.2.1 日式美甲店草图............179
11.2.2 日式美甲店线稿............180
11.2.3 日式美甲店上色............180

第1章

初识 iPad 数码水彩

用iPad绘画，工具的选择很重要。首先要考虑这款工具适不适合用来绘画，一款合适的工具会使你在后续的学习中更加得心应手。

1.1 iPad 绘画硬件工具

对于 iPad 绘画而言，iPad 和 Apple Pencil 是绘制插画主要的硬件工具。对于工具的挑选，市面上的产品也是层出不穷，大家选择自己经济范围内最适合的工具就好。

1.1.1 iPad 常用工具

本书案例使用的 iPad 型号是 iPad Pro 2020 版 128 GB 11 英寸。该款产品大小适中，携带方便。建议大家购买 iPad 的时候，选择内存大些的，因为随着绘画作品的积累，设备的存储空间会越来越小。

iPad 屏幕表面贴有普通类纸膜，绘画的时候会有纸上绘画的触感，同时可减少笔头打滑。但大家选购的时候尽量选阻力小的类纸膜，因为膜的阻力越大，绘画时越容易手酸。贴普通类纸膜会使 Apple Pencil 的笔头磨损比不贴还要快。

目前最常用的两款 iPad 支架，一款是宜家 iPad 支架，十几元钱一个，经济实用，适合新手；缺点是支架高度不能调节，画久了脖子容易累。另一款是木质可调节 iPad 支架，可以调节四个高度，脖子不易累，手也可以支撑，比较省力，很方便；缺点是支架比较大和重，价格过百，只适合在家中长时间绘画使用，不适合带出门绘画。

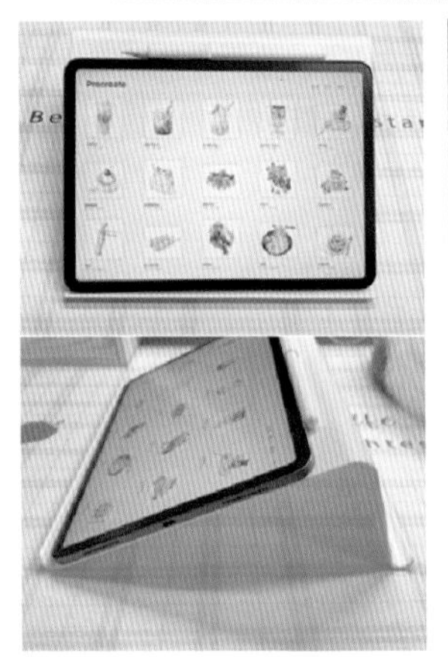

宜家 iPad 支架

木制可调节 iPad 支架

1.1.2 Apple Pencil 常用工具

二代 Apple Pencil 绘画精准度高，压力感应强，可以通过磁力吸附在 iPad 上充电，在用 Procreate 软件绘画时，轻点笔身还能切换绘画工具。

长时间握笔绘画，特别是夏天，手会出汗，握笔容易打滑，所以给 Apple Pencil 搭配了一个硅胶书写笔套，这样会感觉更加舒适。

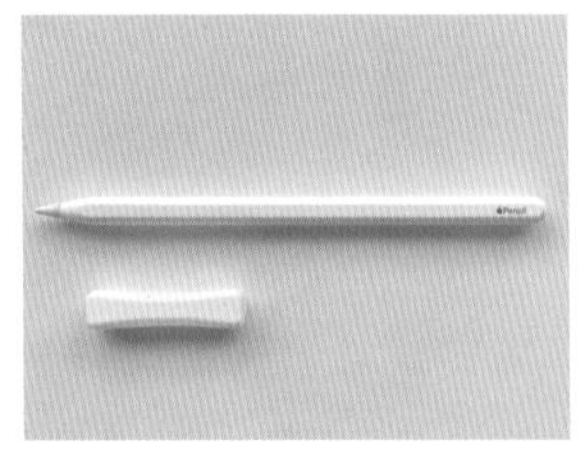

二代 Apple Pencil+ 硅胶笔套

Procreate 软件虽然打开了“禁用触摸操作”功能，但手有时候还是难免误触，这时候可以考虑用防误触手套戴在手上绘画，减少误触。

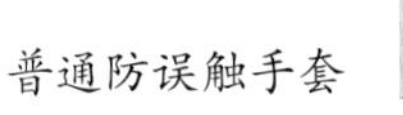

普通防误触手套

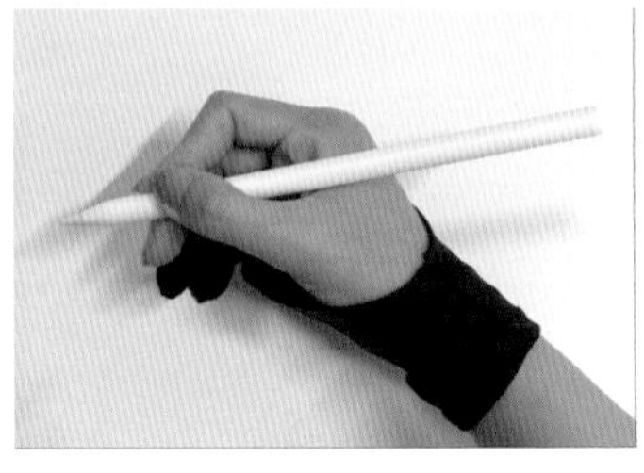

1.2　Procreate 软件基础

Procreate 是大多数入门者比较青睐的一款软件，它操作简单，自带笔刷，具有抖动修正功能，绘制出来的线条特别流畅，对新手非常友好。本节主要讲解 Procreate 软件基础知识，使大家在后续绘制案例时更易上手。

本书案例用到的 Procreate 软件版本为 5.2.1。

1.2.1 初识首页图库界面

首页图库界面包含“选择”“导入”“照片”“+”（新建画布）4 个功能菜单，可以管理与编辑画布。

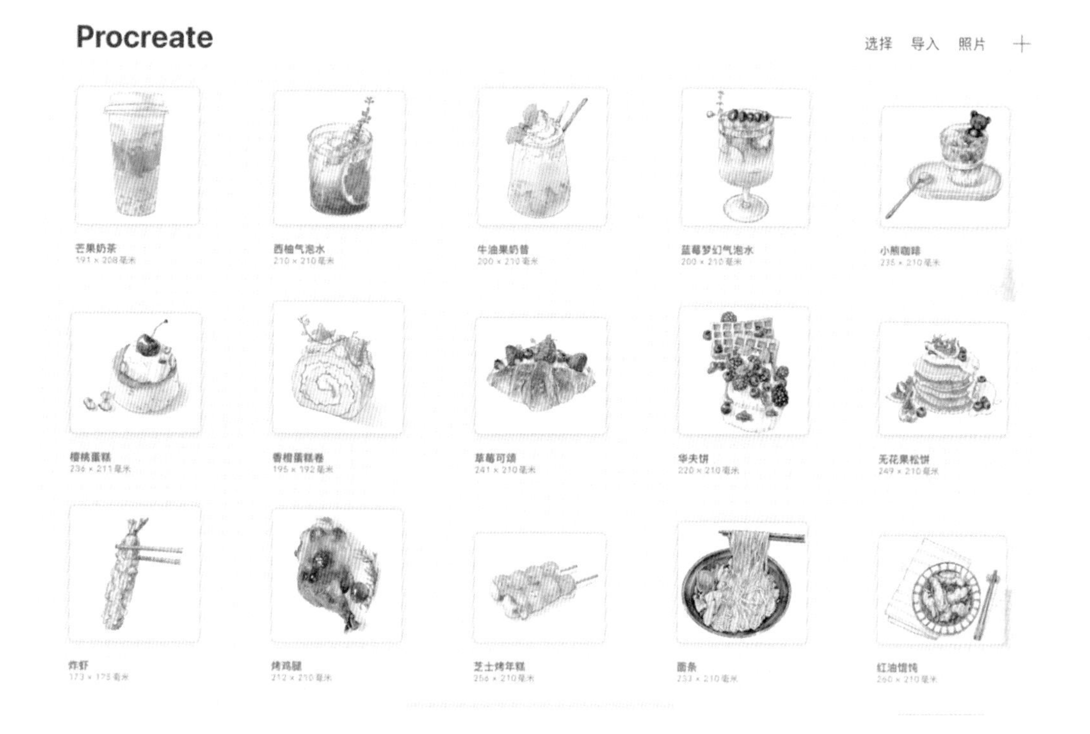

【选择】

单击“选择”菜单，选择一个或多个画布后，可对画布进行“堆”“预览”“分享”“复制”“删除”5 个操作。

1）堆

堆主要用于画布的分类整理，类似文件夹分类。

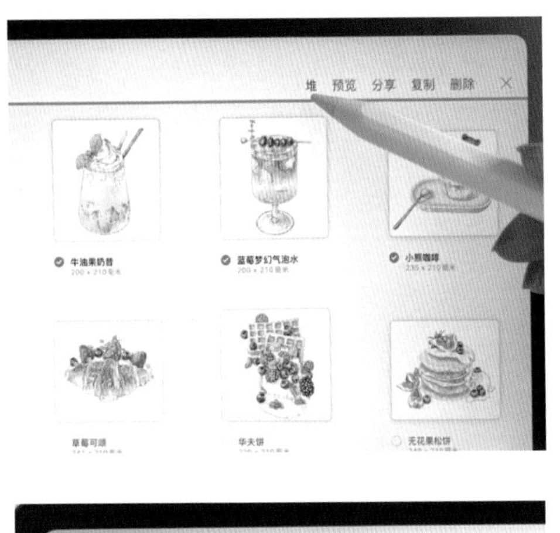

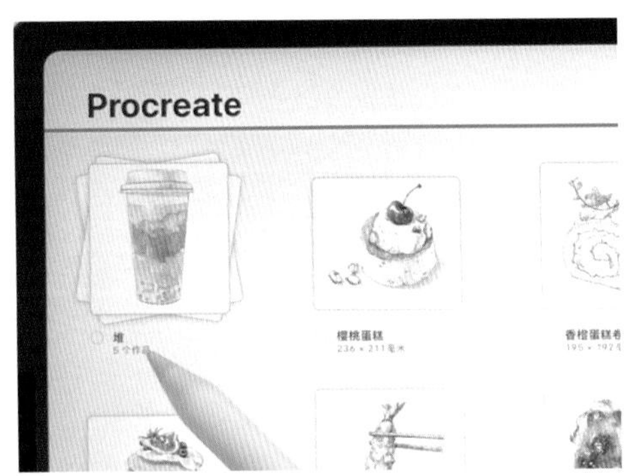

（1）“堆”的使用方法。选中两个以上的画布，单击“堆”功能，可生成“堆分组”。单击堆分组名称可修改名字，这里将名字改为“饮品”（注意：要修改堆分组或画布名称，可单击名称进行修改）。

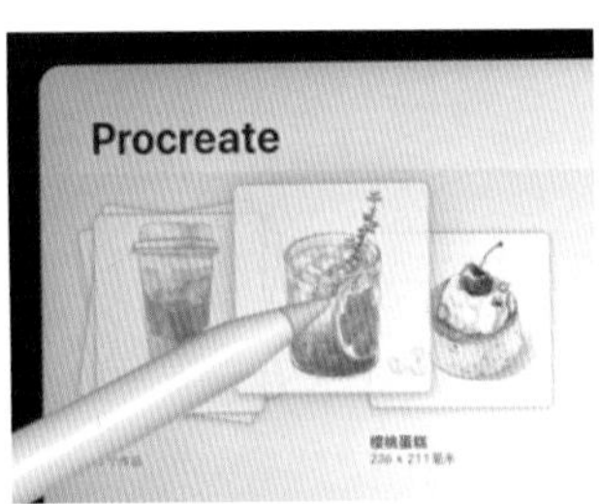

（2）画布移出“堆”的方法。按住堆分组中要移出的画布，将其拖曳到左上角“堆”名字位置停顿几秒，再松开，即可完成画布移出的操作。

2）预览

可快速全屏预览选中的画布。

3）分享

可将选中的画布分享并导出为不同格式的文件进行备份。

4）复制

可复制选中的单个或多个画布，我常用来复制备份“水彩纸纹画布”绘画，保留一份下次直接复制使用，这样不用重复下载安装纸纹素材。

5）删除

可删除选中的画布。画布一旦删除就不可恢复，需谨慎操作。

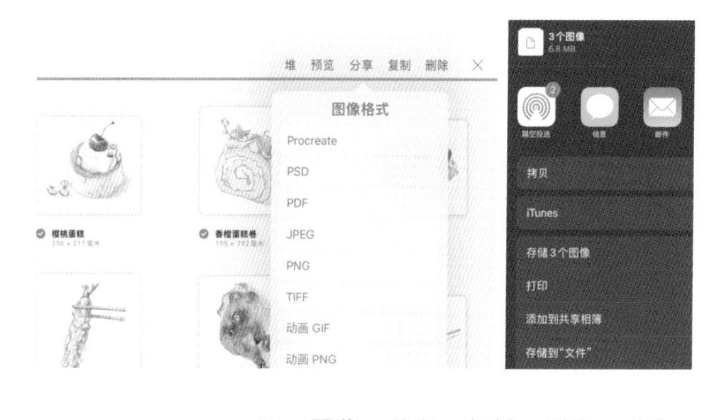

【导入】

可将“iCloud 云盘”或“我的 iPad”中的文件导入 Procreate 软件打开。

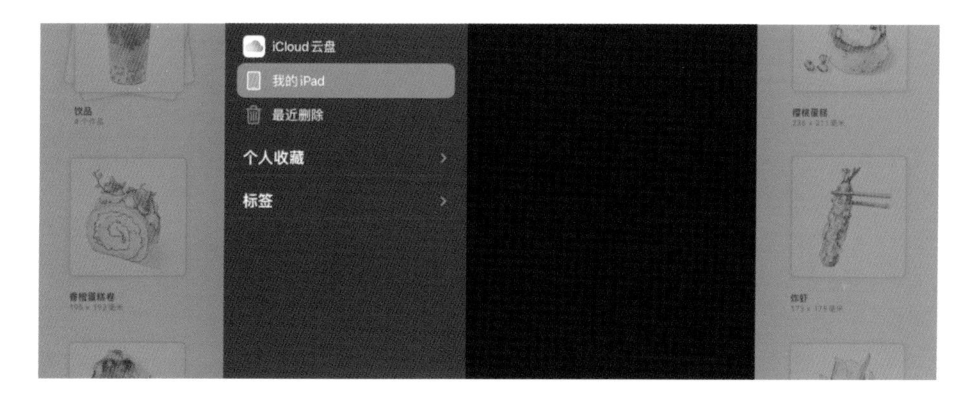

【照片】

可将 iPad 相册中的照片直接导入 Procreate 软件生成画布，且画布尺寸为照片的大小。

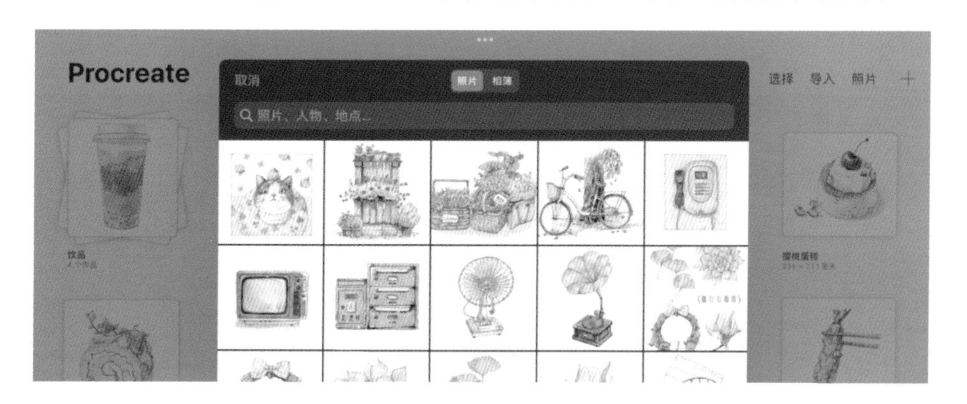

【+（新建画布）】

1）新建画布

单击+图标，会出现系统默认的画布尺寸或者之前自定义过的画布尺寸。左滑一个画布尺寸，可“编辑”重设，修改画布参数，或“删除”画布尺寸。

2）自定义画布

单击右上角的图标，可直接新建一个画布并设置画布参数。

3）尺寸

（1）在“自定义画布”的下方有“像素”“英寸”“厘米”“毫米”4个长度单位可供选择。注意，“像素”长度单位很小，建议新手选择画布单位为“厘米”或“毫米”。

（2）DPI。为画布的分辨率，数值越高，画布输出的图片清晰度就越好，常用的300 DPI画稿已足够清晰。

（3）最大图层数。即新建画布最多能建多少个可用绘画图层。注意，图层数量与画布尺寸和DPI的大小有很大关系，画布尺寸越大、DPI的数值越高，图层数量就越少，这与iPad的性能、型号有关。

（4）单击“未命名画布”可修改新建画布的名称。

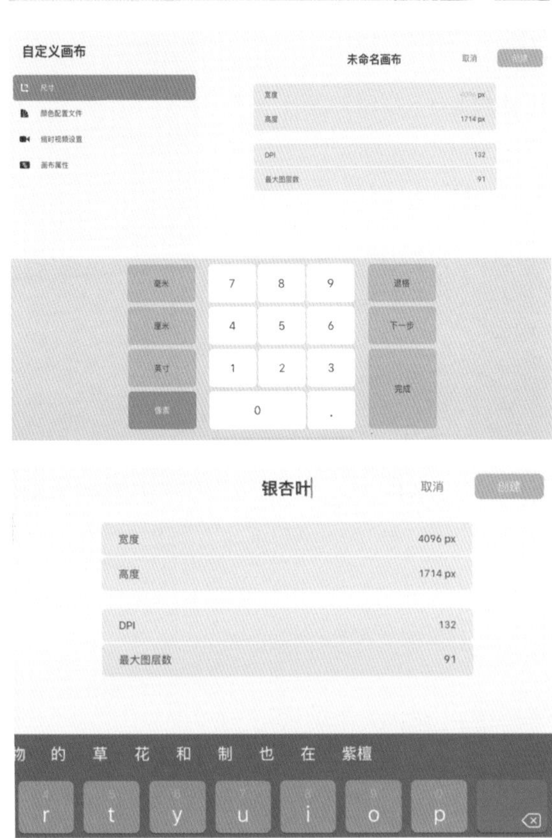

4）颜色配置文件

有RGB与CMYK两种颜色模式。RGB是显示器的颜色模式，主要用于屏幕显示。CMYK是印刷的颜色模式，若想把绘制的图案印刷成实物，需要将画布颜色模式设置为CMYK。平时绘画练习用默认的颜色模式即可，不用调整。

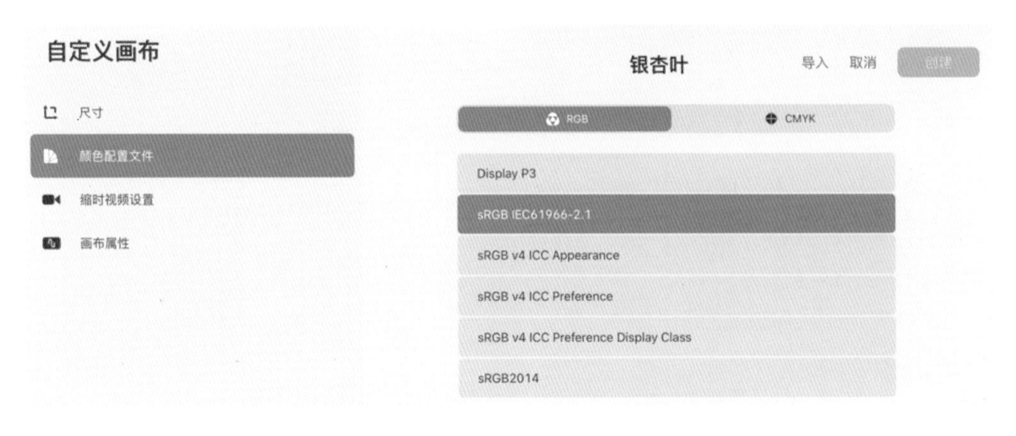

5）缩时视频设置

设置画布在绘画录制时“缩时视频”的清晰度。参数调得越大，录制的绘画视频导出越清晰，但占用的内存也会越大。

6）创建

所有参数调整好后，单击右上角的“创建”按钮，即可成功创建自定义画布，显示绘画界面。

1.2.2 绘画界面

Procreate 的绘画界面由高级功能、绘图工具和侧栏组成。左上方的高级功能有“图库”“操作”“调整”“选取”“变换变形”5 个工具，主要用于调整画布的效果与参数。右上方的绘图工具有“绘图”“涂抹”“擦除”“图层”“颜色”5 个，主要用于绘画时的上色。左边的侧栏有“笔刷尺寸”“修改按钮”“画笔不透明度”“撤销 / 重做箭头”4 个工具，主要用于调节笔刷和撤销绘画步骤。

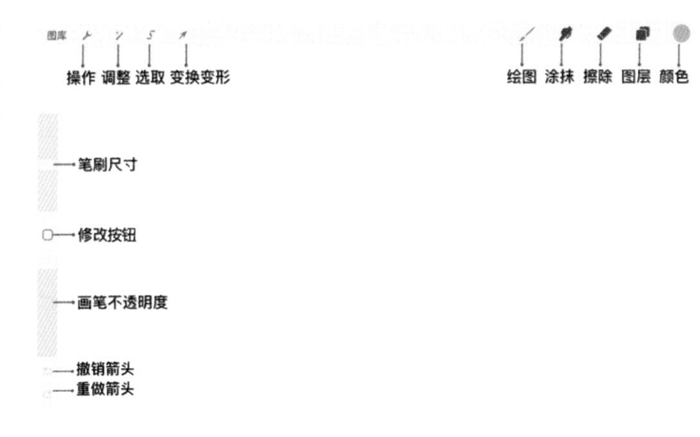

【图库】

单击“图库”按钮即可返回首页图库界面。

【操作】

1）添加

（1）插入照片。可从 iPad 相册中导入照片到画布。

（2）插入私人照片。左滑“插入照片”，会出现该功能。用这种方式导入照片到画布，在录制缩时视频时将不会看到该图片。

（3）添加文本。可以给画布添加文字，还可调整文字字体、大小和对文本进行排版操作。

2）画布

（1）裁剪并调整大小。常用于裁剪画布尺寸与修改分辨率。

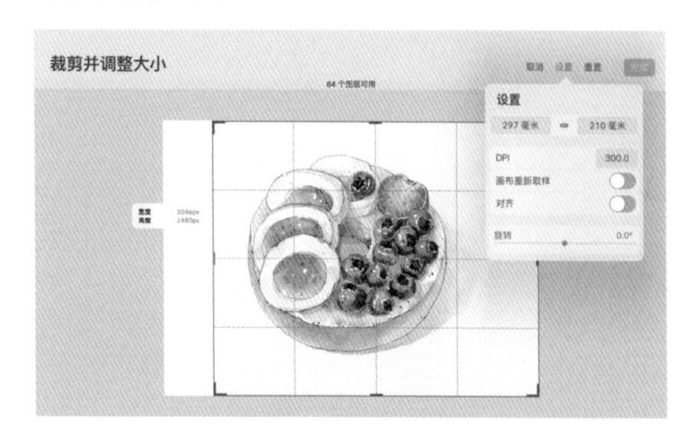

（2）绘图指引。常用"2D 网格"功能辅助绘画草图，让打型更准，极力推荐使用。单击"编辑绘图指引"可调整网格参数。

（3）参考。可把 iPad 的图片素材导入画布形成小浮窗，悬浮于画布上方，还可进行变换调整大小和移动位置，非常方便查看参考素材，绘画时经常使用。

3）分享

可把画布分享并导出为不同格式的图像，通常导出 JPEG 图片保存到相册，或导出 Procreate 格式备份画布作品。

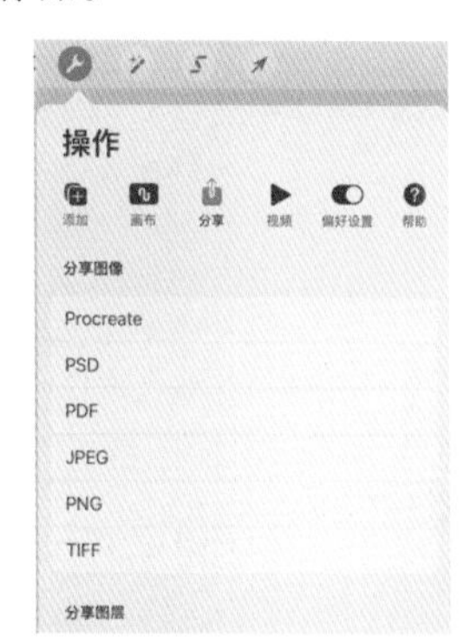

4）视频

可录制、导出、清理、回放缩时视频。想要录制的绘画视频清晰，新建画布时视频质量参数就要调大一些。

5）偏好设置

新手一定要了解的设置功能，合理的设置可让后续绘画操作更舒适便捷。

（1）浅色界面。Procreate 默认的是黑色界面，打开后为浅灰色界面，用户可根据自己的喜好设置即可。

（2）右侧界面。打开后，左侧的侧栏位置会移到右边，方便单手绘画。

（3）画笔光标。打开后，绘画时可看到笔刷的形状和大小，关闭则看不到。

（4）手势控制—常规—禁用触摸操作。打开后，手触摸屏幕不会误触绘画，仅 Apple Pencil 可在屏幕绘画，有效地防止了手误触，新手一定要打开。

（5）手势控制—常规—捏合缩放旋转。打开后，两个手指可随意捏合缩放旋转画布；关闭后，仅能放大或缩小画布，不可旋转。

（6）手势控制—速创形状—绘制并按住。打开后可轻松绘制直线、弧线和正圆。

① 绘制直线

随意画一条线不松笔停顿就能变成直线，不松笔还可拖动直线旋转一定的角度，松笔后，单击“编辑形状”可变换直线两头的角度。画圆弧线也是同样的方法。

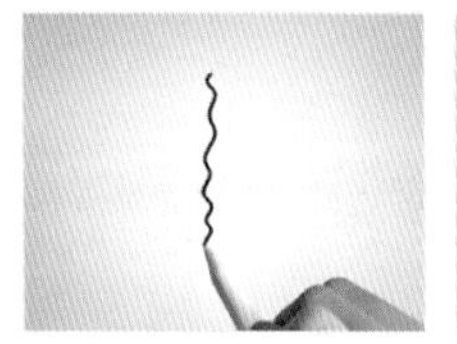
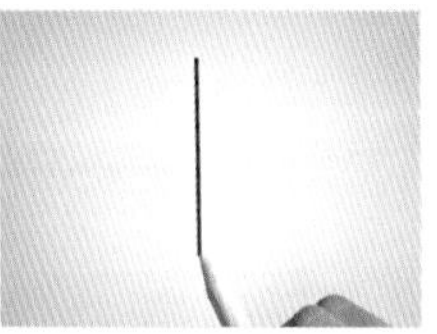
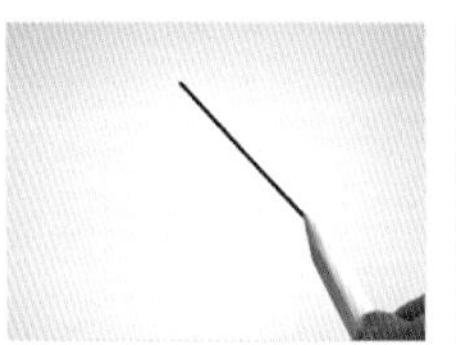
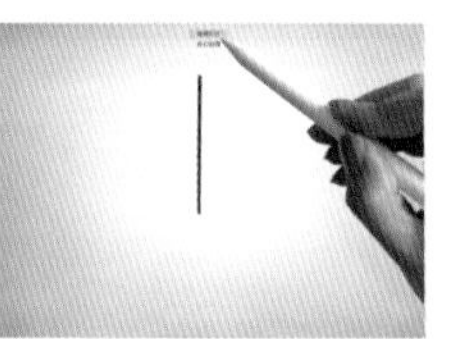

② 绘制圆

随意画一个闭合的圆，不松笔停顿，可变成椭圆，如果同时用一个手指轻点屏幕，即可变成正圆，单击“编辑形状”可编辑圆的形状。

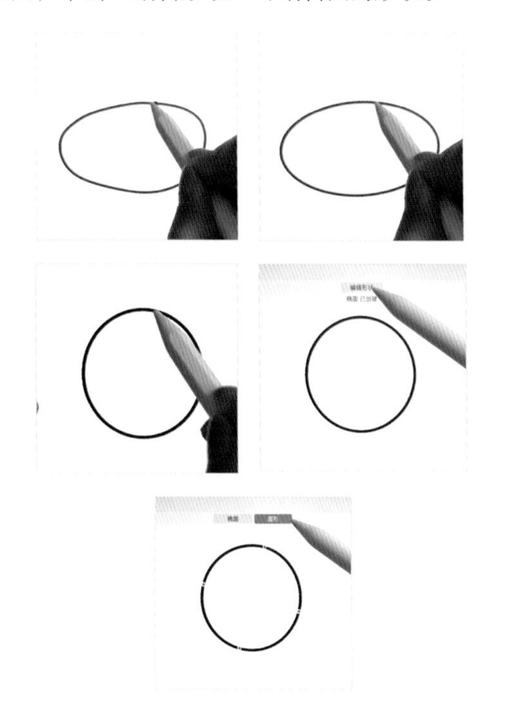

【调整】

可对图像进行不同效果的调整，有“图层”和 Pencil 两种调整模式。选中“图层”是对整个图层进行调整，选中 Pencil 可用 Apple Pencil 选择不同笔刷调整局部。下面主要介绍两个绘画常用的调整功能。

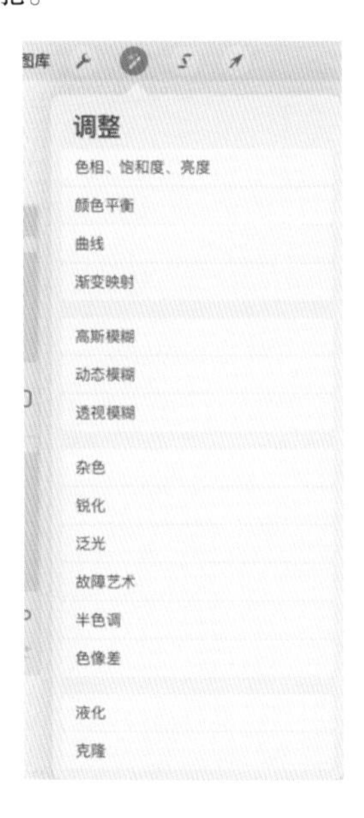

1）色相、饱和度、亮度

单击“调整”功能，可调整图层的色相、饱和度、亮度，单击正上方的“色相、饱和度、亮度”按钮，就会出现“图层”与 Pencil 两个选项。

2）液化

类似修图工具中的瘦脸瘦身功能。对绘画作品造型不满意时，可用“液化”的“推”功能调整造型，可以选中单个图层、多个图层或图层组进行调整（注意：选中的图层不可隐藏、锁定）。两指轻点屏幕，即可撤销上一个步骤。

【选取】

常用“选取”功能中的“手绘”模式来选取不规则的区域进行填充、平涂颜色。若选错位置，可两指轻点屏幕撤销上一个步骤。

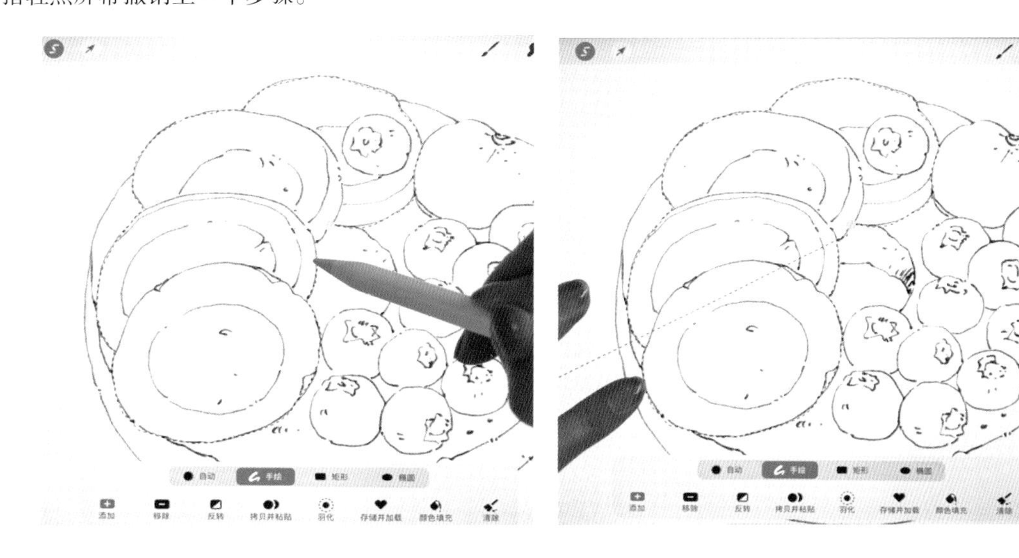

1）存储并加载

可保存选取区域，供重复填色使用，也可直接把右上角的颜色拖曳填充到选取区域后松开，即可填色。

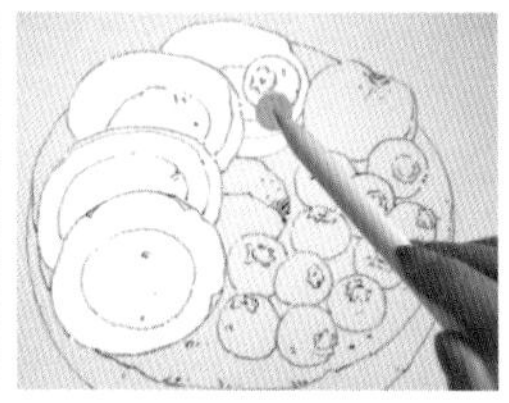

2）复制并粘贴

可复制选取区域。

【变换变形】

可对图像进行缩放、变形、裁剪、翻转、旋转操作，常用的有“自由变换”和“等比”两个功能。

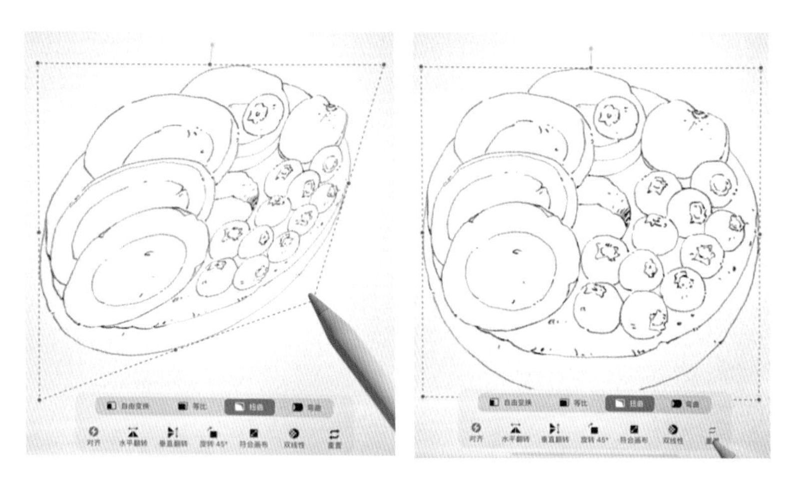

1）自由变换

对图像自由缩放变换大小，这样容易使图片变形，常用来将正圆变为椭圆。

2）等比

对图像等比例缩放变换大小，且图片长宽比例不变。

3）重置

若对变换形状不满意，则可单击右下角的“重置”按钮恢复原始形状。

【绘图（笔刷）】

1）画笔库

单击“绘图”图标，可看到软件自带或安装的全部笔刷组。

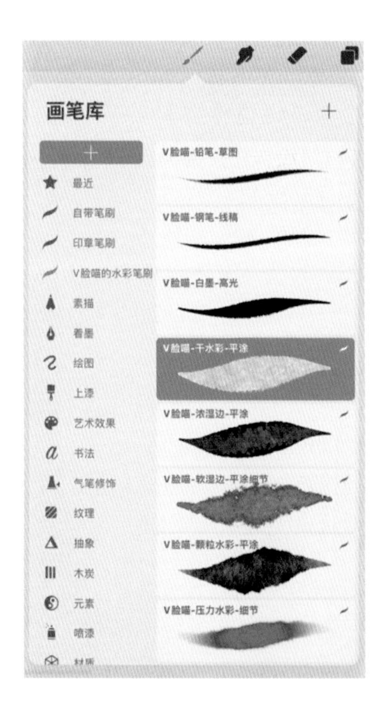

2）最近

“最近”笔刷组中出现的笔刷，都是最近时间使用过的，很方便调用。

3）新建笔刷组

下拉笔刷组界面，出现蓝色 + 图标，单击该图标可新建笔刷组。

4）重命名 / 删除 / 分享 / 复制笔刷组

单击笔刷组名称即可进行重命名、删除、分享、复制操作。

5）分享 / 复制 / 删除笔刷

左滑笔刷即可进行分享 / 复制 / 删除笔刷的操作。

6）移动笔刷

单击选中一个笔刷，或右滑选中多个笔刷，拖曳到需移动的笔刷组上方停顿，待笔刷组展开后松开，即可移动笔刷。

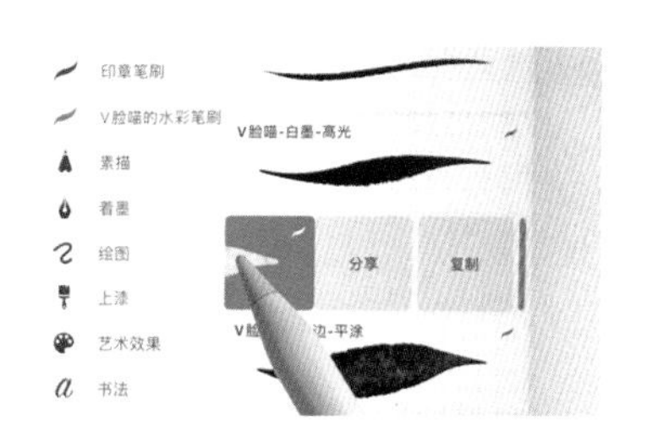

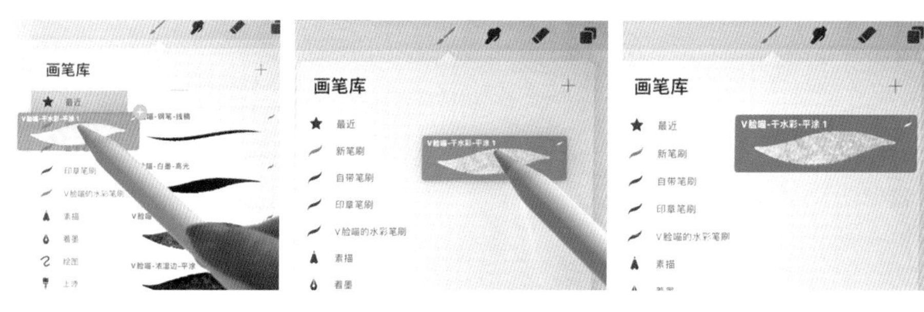

7）调整笔刷参数

单击选中笔刷，会出现“画笔工作室”界面，从中可修改笔刷参数。

8）新建笔刷

单击笔刷组右上角的 + 图标，出现“画笔工作室”界面后即可设置新建笔刷参数。

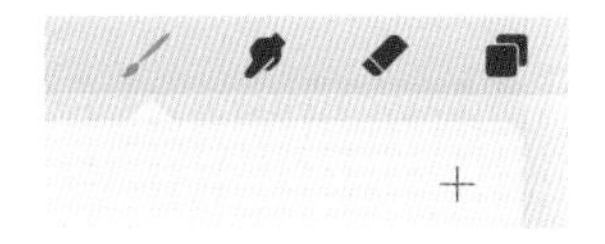

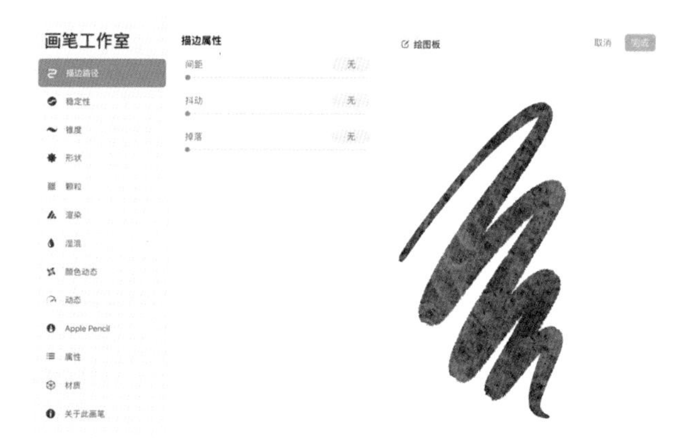

【涂抹】

常用来涂抹过渡色块边缘，让边缘柔和自然。单击“涂抹”工具，选择“涂抹过渡笔刷”涂抹。

【擦除】

擦除也就是我们常用的橡皮擦工具，单击“擦除”工具可选择不同笔刷。

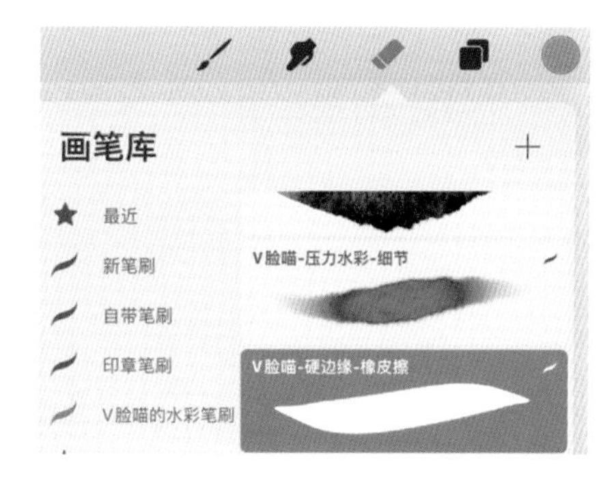

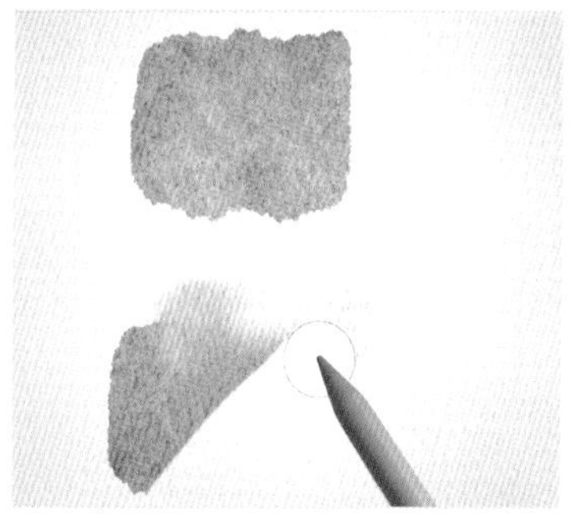

【图层】

默认“图层 1”与“背景颜色”两个图层。单击“背景颜色”可修改背景的颜色。

1）+（新建图层）

单击右上角的 + 图标即可新建图层。

2）锁定 / 复制 / 删除图层

左滑图层即可进行锁定 / 复制 / 删除图层的操作。注意锁定图层后，需解锁才可继续在该图层上绘画。

3）多选图层

右滑多个图层显示为蓝色，即为多选。可对多选图层进行“删除”“组”“变换变形”操作，还可将选中的图层上下拖曳，改变图层顺序。

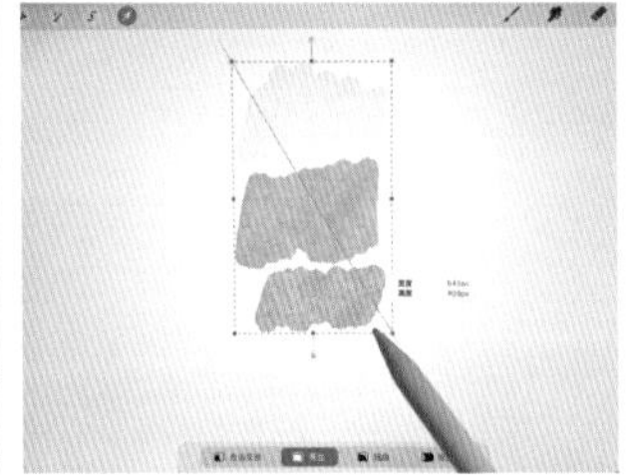

4）合并图层

方法 1：两指捏合需要合并的图层即可。

方法 2：右滑多选图层，单击“组”，单击图层组，单击“平展”即可把组图层合并为一个图层。

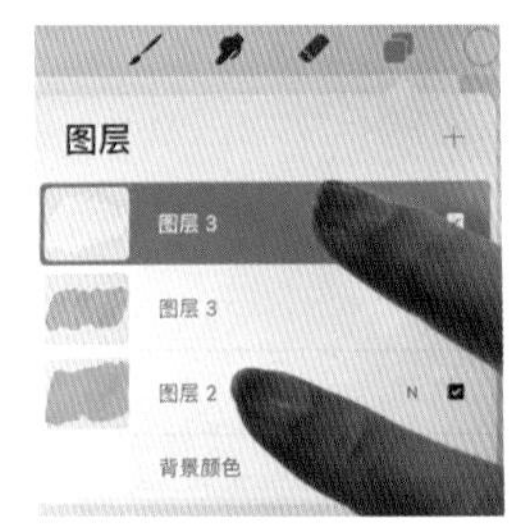

5）N/ 图层不透明度、图层模式

单击图层的“N”字母，可调节图层不透明度以及图层模式。常用“正片叠底”模式来加深颜色，用“添加”模式来加光效果。

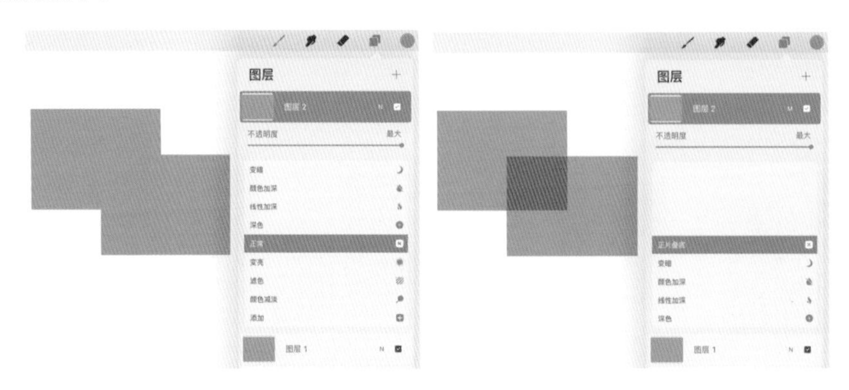

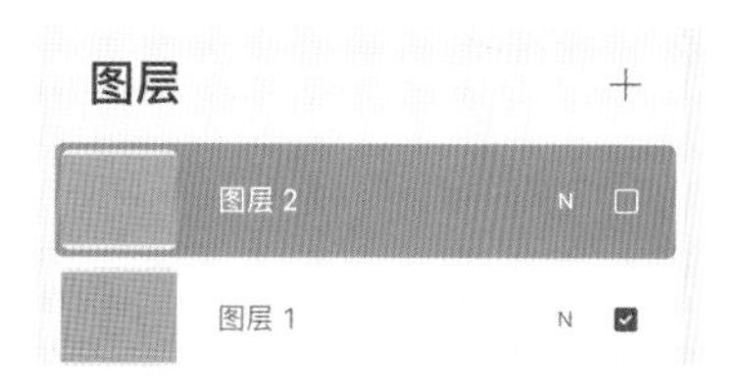

6）隐藏 / 显示图层

单击☑按钮即可隐藏或显示图层。

7）图层功能菜单

单击图层会显示 12 个图层功能菜单。常用的有“重命名”“填充图层”“清除”“阿尔法锁定”“蒙版”和“剪辑蒙版”。

（1）重命名

修改图层名称。

（2）填充图层

一键填充图层颜色，也可填充选取区域颜色。

（3）清除

一键清除图层全部内容，也可清除选取区域颜色。

（4）阿尔法锁定

锁定该图层颜色区域，且仅能在锁定颜色区域上色。

（5）蒙版

给绘画图层添加白色蒙版，在白色蒙版图层，用笔刷选择黑白两色，可擦除或还原图层颜色，而并不破坏原绘画图层颜色，方便修改。

（6）剪辑蒙版

把图层剪辑蒙版放到下方图层，绘画时，颜色就不会涂出下方图层的显示区域。

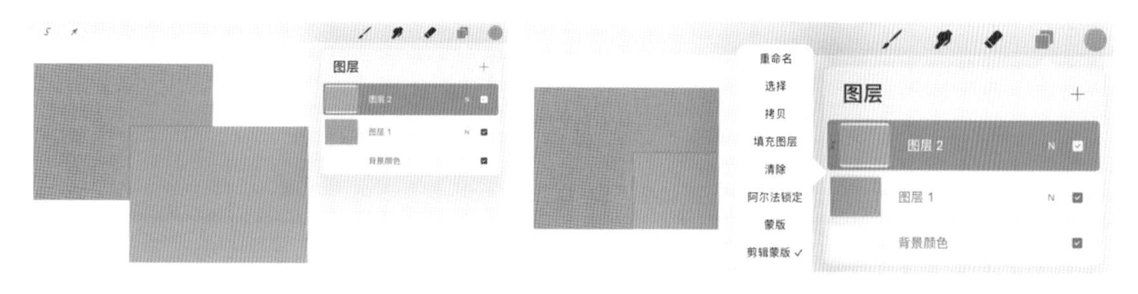

【颜色】

颜色菜单有“色盘”“经典”“色彩调和”“值”和“调色板”5个功能面板，用来调色、设置颜色值和制作色卡，经常使用的有经典和调色板两个功能面板。

1）经典

这是最常用的颜色面板，有“选色板”，“色彩历史”和“默认色卡”3个功能供选色使用（注意，有的 iPad 没有色彩历史功能）。

2）调色板

软件自带 / 导入的色卡都在这里，可对色卡进行管理和制作。包含“紧凑”和“大调色板”两种显示模式，常用的是“紧凑”模式。

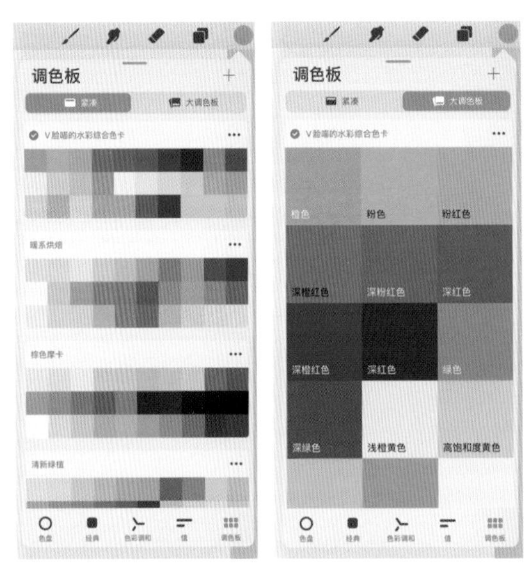

（1）操作色卡。有4种操作方式，即设“置为默认”“分享”“复制”和“删除”。单击色卡右上角的 ··· 按钮即可进行相关操作。

（2）色卡改名。单击色卡名称，即可修改名字。

（3）色卡移动。按住色卡向空白位置拖动，即可移动色卡的顺序。

（4）创建新色卡。单击调色板右上角的 + 按钮可选择不同的创建方式。常用“创建新调色板”新建空白色卡；用“从‘照片’新建”方式把 iPad 中的照片直接生成色卡使用。还可分屏，将其他照片拖曳到调色板，直接生成色卡。

不同的创建方式

创建新调色板

从“照片”新建

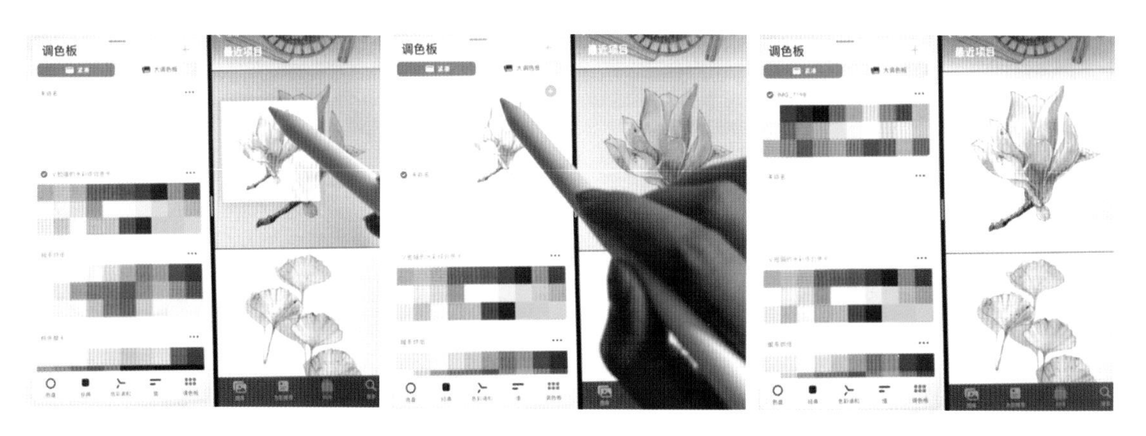

分屏，拖动生成色卡

（5）制作色卡。单击色卡中的空白格子，即可整理选中的颜色，长按选中的颜色可将其拖曳移动位置；长按选中的颜色，单击“删除样品”按钮即可删除颜色。

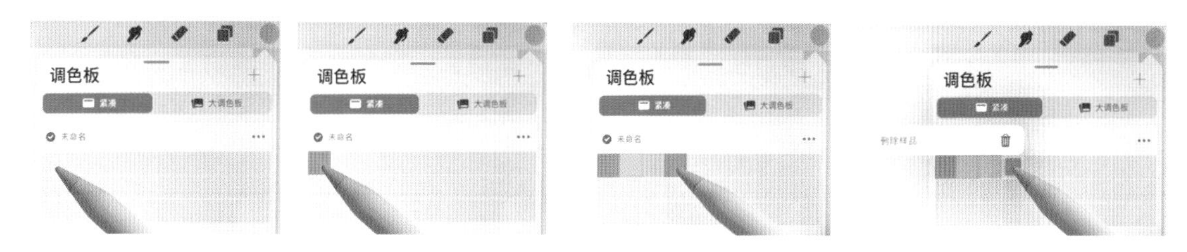

色卡添加颜色　　　　色卡删除颜色

（6）吸取颜色。用手指长按屏幕中想吸取的颜色位置，出现色环即可吸取，这样可以选择自己喜欢的颜色来制作色卡。

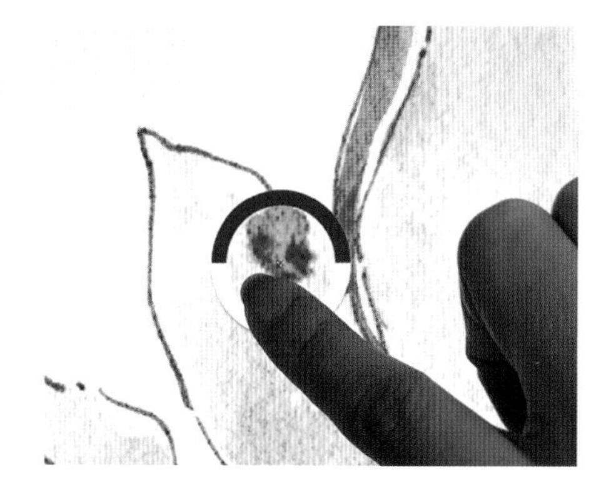

【笔刷尺寸、修改按钮、画笔不透明度】

1）笔刷尺寸

在上方的滑动键中，上下拖动“滑动键”可调节笔刷大小。单击“滑动键”，再单击右边的 +/- 图标，可添加 / 删减 4 个常用笔刷尺寸的数值。

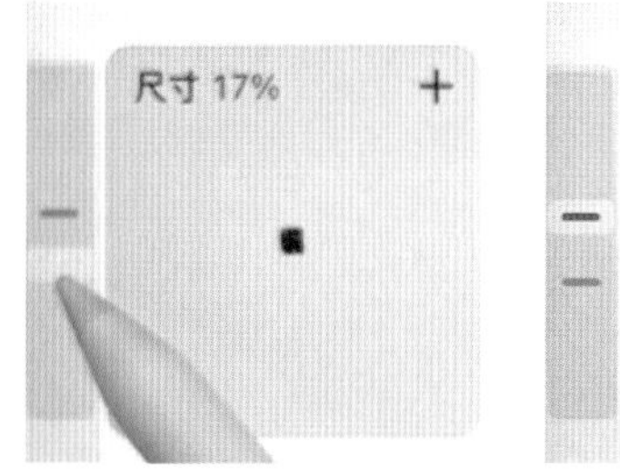

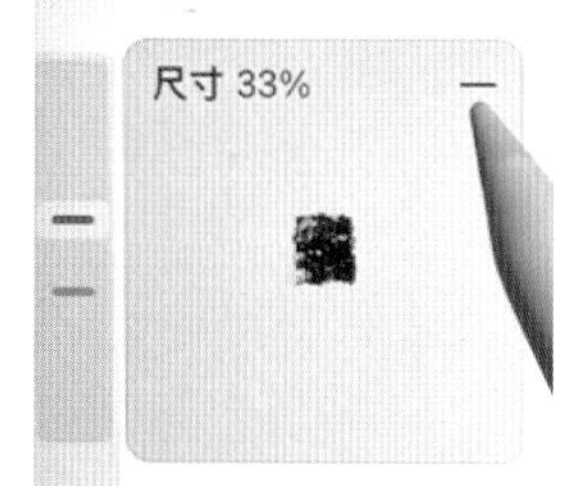

2）画笔不透明度

在下方的滑动条中，上下拖动滑块可调节画笔的不透明度，越往下不透明度越低，笔刷显色越浅。也可单击滑块，再单击右边的 +/- 图标，添加 / 删减 4 个常用笔刷不透明度的数值。

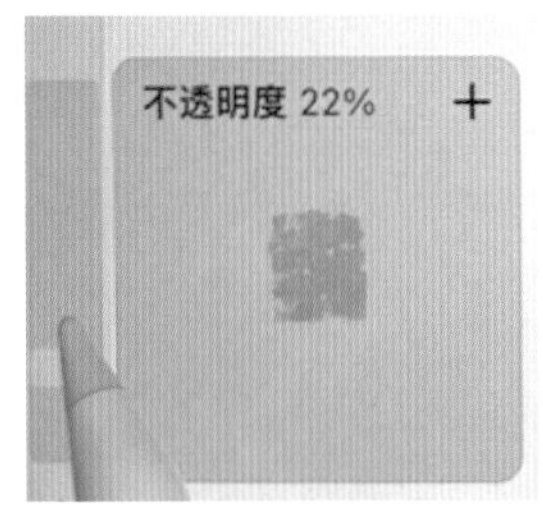

颜色一样，透明度不一样的深浅变化

3）修改按钮

这个功能很少使用，将修改按钮从屏幕边缘往画布中央拖曳，再上下移动，可以调整侧栏位置。

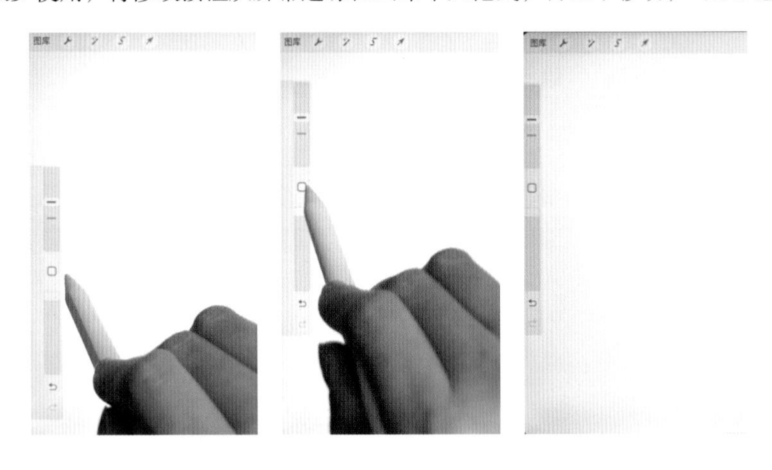

【撤销 / 重做箭头】

1）撤销 / 重做箭头

单击箭头，可撤销或重做绘画步骤。

2）撤销 / 重做手势

双指轻点屏幕可撤销绘画步骤，三指轻点屏幕可重做绘画步骤，注意“手势控制—常规—禁用撤销并重做”必须关闭才可使用该手势。

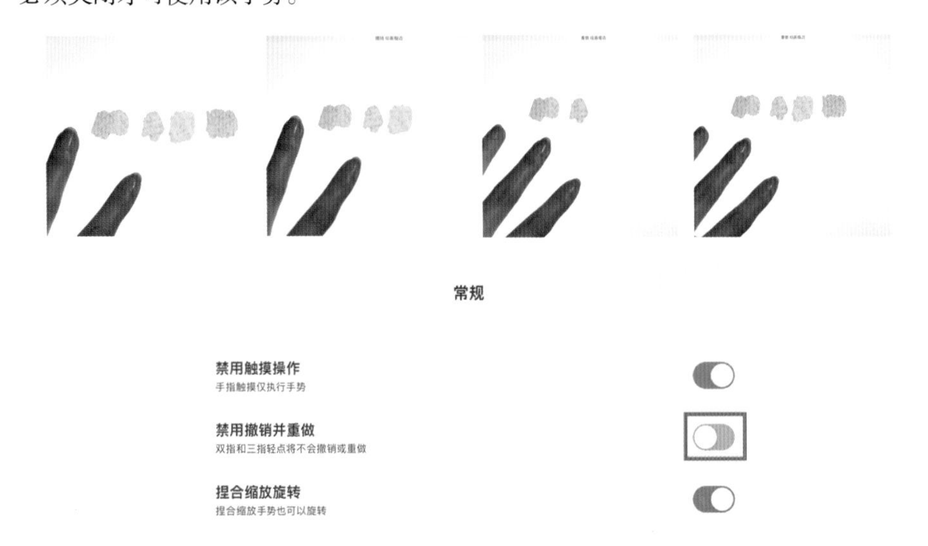

1.3 水彩笔刷、纸纹画布、色卡的简介

用 iPad 绘制钢笔淡彩水彩风格作品，选用合适的水彩笔刷、纸纹来绘制可以很好地模拟纸上水彩效果，而使用的色卡也可以很好地辅助选色。在此给大家带来了 15 款水彩笔刷、1 款纸纹画布、1 款综合色卡和 5 款辅助色卡。熟悉水彩笔刷、纸纹、色卡的特点和用途，对于后续绘画效果至关重要。

1.3.1 水彩笔刷

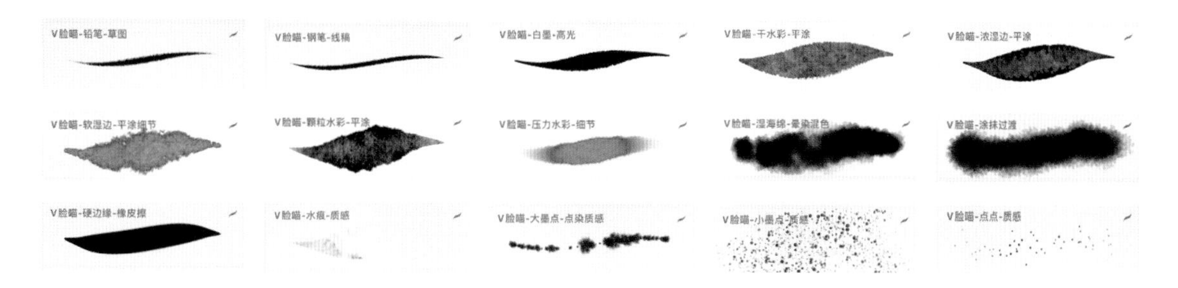

一共 15 款水彩笔刷，分别作为草图、线稿、上色、涂抹、擦除、质感 6 种用途。

【草图笔刷】

【铅笔】能很好地模拟铅笔的质感，适合前期草图的绘制。

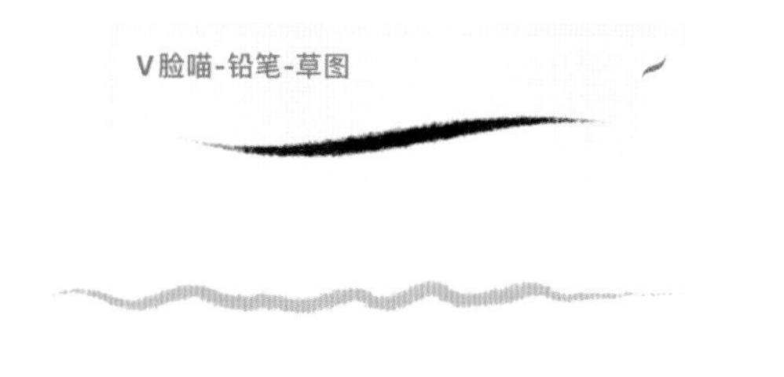

【线稿笔刷】

【钢笔】是绘制线稿的唯一笔刷，能模拟墨水聚集加深的颜色效果。只需画一条线到结尾处时，回勾叠加 1 ~ 2 笔即可加深线稿颜色，还能根据用笔的压力轻重呈现粗细变化。

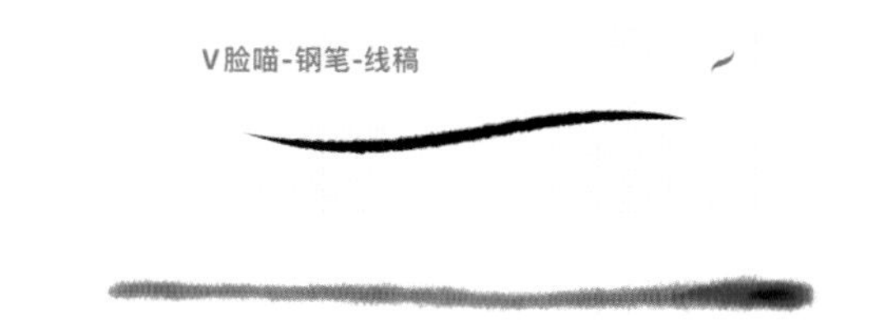

【上色笔刷】

（1）**【白墨】**主要用于后期给画面添加高光，或者平涂实色底。

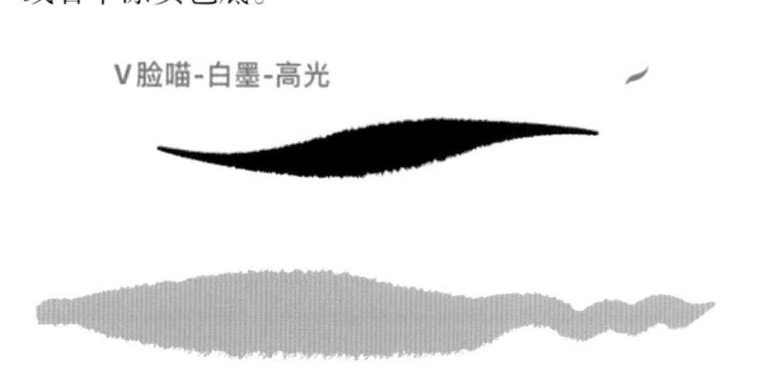

（2）**【干水彩】**自带明显水彩的质感，适合平涂上色。

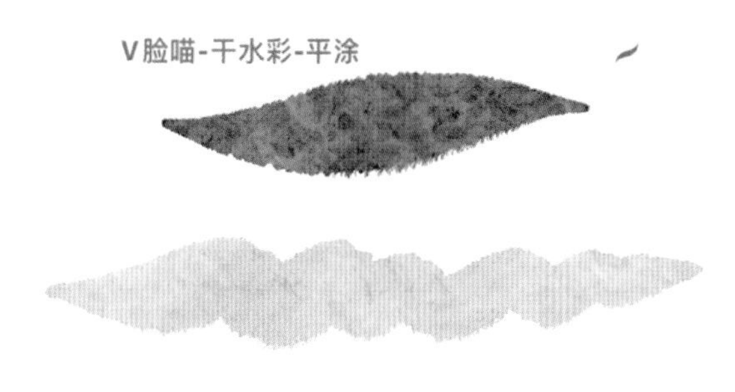

（3）**【浓湿边】**边缘有明显的水彩湿边效果，适合平涂上色。

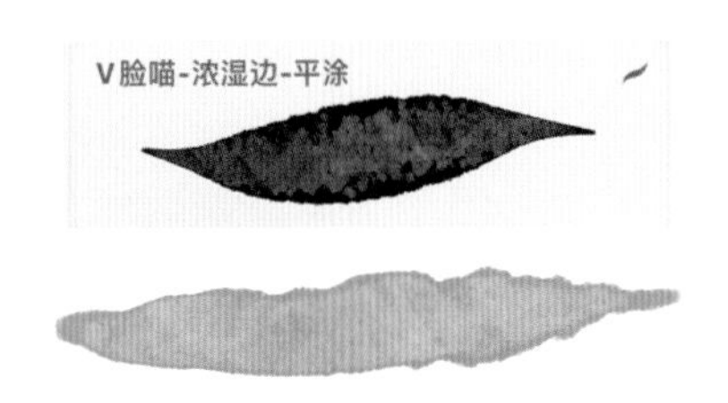

（4）**【软湿边】**边缘有比较柔和的和毛边的湿边效果，适合平涂以及细节质感的刻画。

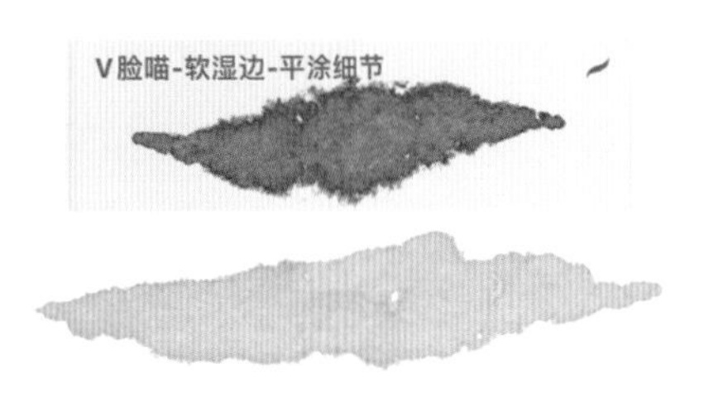

（5）**【颗粒水彩】**有颗粒沉淀的水彩质感，适合平铺底色。

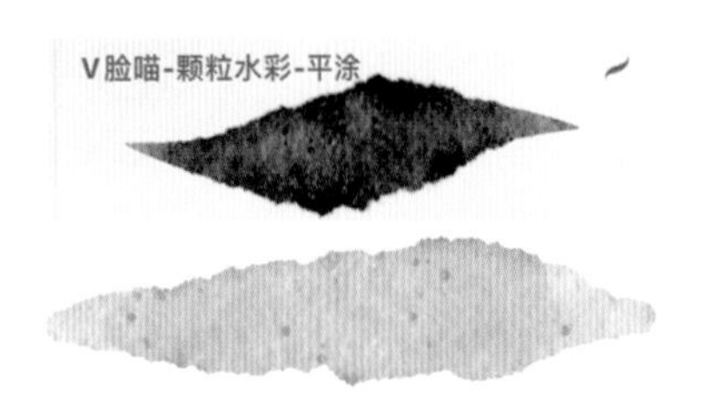

（6）**【压力水彩】**可根据用笔的轻重，控制颜色深浅，有一点儿湿边效果。适合刻画细节纹理，比如叶子和花瓣的脉络，也可作为画光影笔刷。

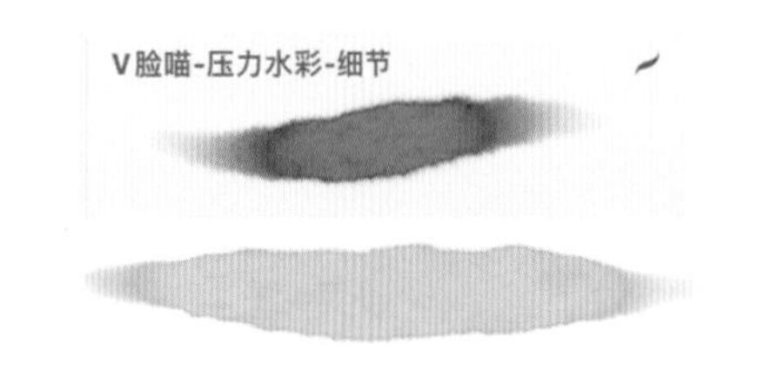

（7）**【湿海绵】**常用来晕染混色，丰富画面色调，也可作为柔边的擦除笔刷。

【涂抹笔刷】

【涂抹过渡】搭配“涂抹工具”，用来过渡柔和颜色重叠加深位置以及色块边缘。

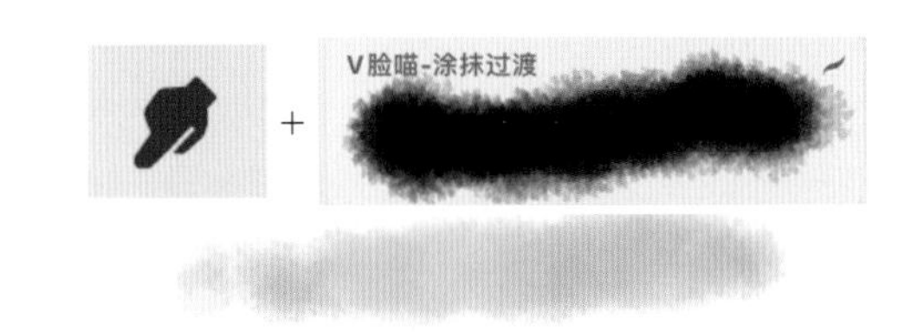

【擦除笔刷】

【硬边缘】实色的硬边缘笔刷，常用来当作橡皮笔刷，擦除涂到线稿外的颜色。

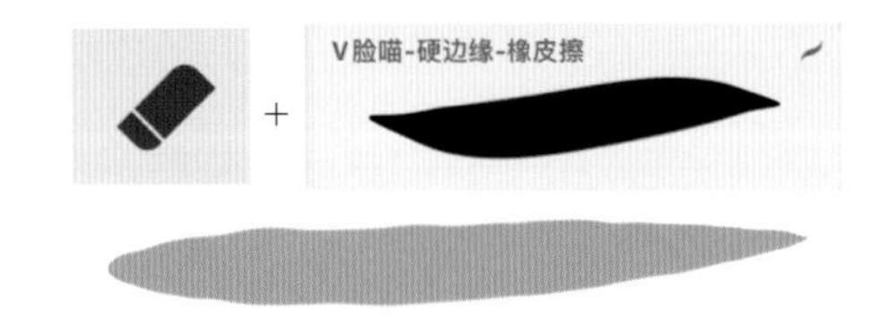

【质感笔刷】

（1）**【水痕】**有超自然的水痕晕染效果，适合绘制丰富背景质感。

（2）**【大墨点】**墨点较大，适合用来做点染效果。

（3）**【小墨点】**墨点较小，适合用来做水彩喷洒墨点的效果，可增加质感以及涂白色墨点。

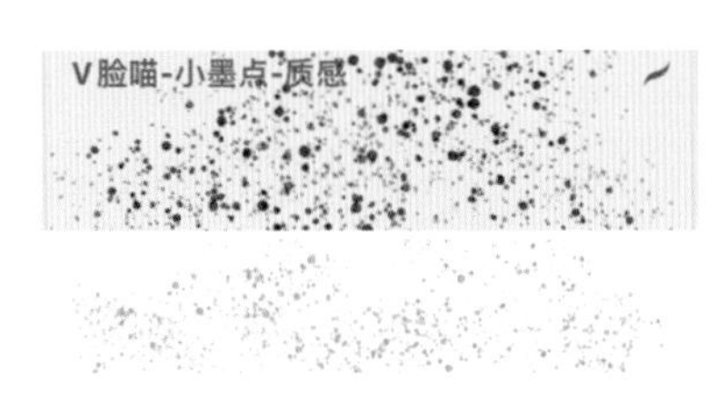

（4）【点点】小而密集的圆点，常用来给甜品或饮品做涂糖粉 / 抹茶粉的效果。

1.3.2 水彩纸纹

合适的水彩纸纹可提升画作的纹理质感，更好地模拟在纸上绘制的水彩效果。本书用到的水彩纸纹为 Procreate 画布，画布规格为 A4，分辨率为 300DPI。若 iPad 的图层数较少，可裁剪小些的画布，图层数就会变多。需要用时，把安装好的纸纹画布复制一份，保留一份下次使用，这样可以免去重复安装的麻烦。

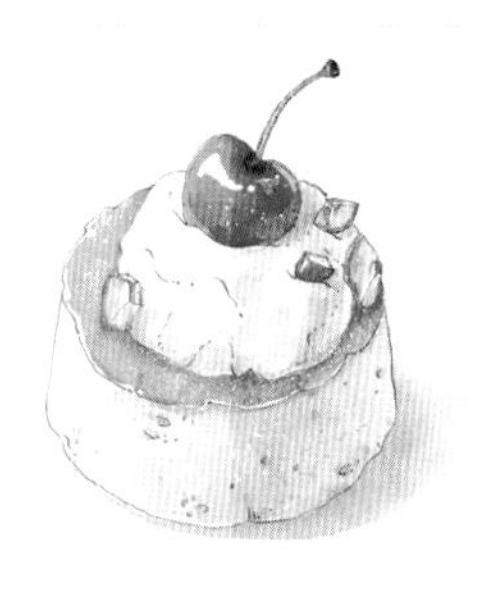

上图为有无纸纹的效果对比，可以看到右边叠加纸纹效果后水彩质感明显提升，颜色也更饱和、美观。

1.3.3 水彩色卡

本书色卡包含 1 款常用综合色卡和 5 款辅助色卡。

【综合色卡】这一款适合在绘画中使用，都是常用的基础颜色。左上角第一排第一个棕色为画线稿专属色。左下角第三排前 3 个灰色为常用画投影专属色。

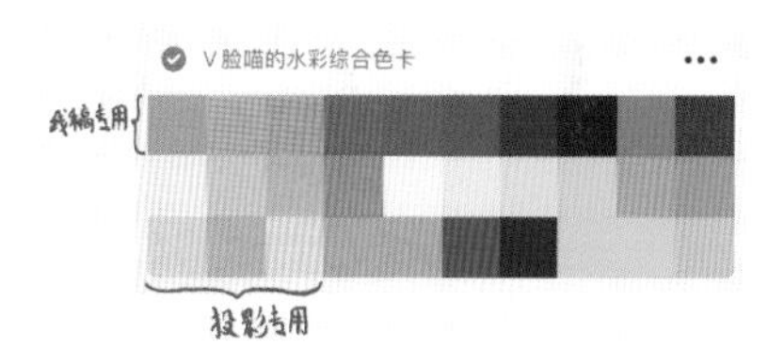

【辅助色卡】这 5 款色卡可以辅助选色困难的新手在绘画时直接选取使用，以节省选色时间。

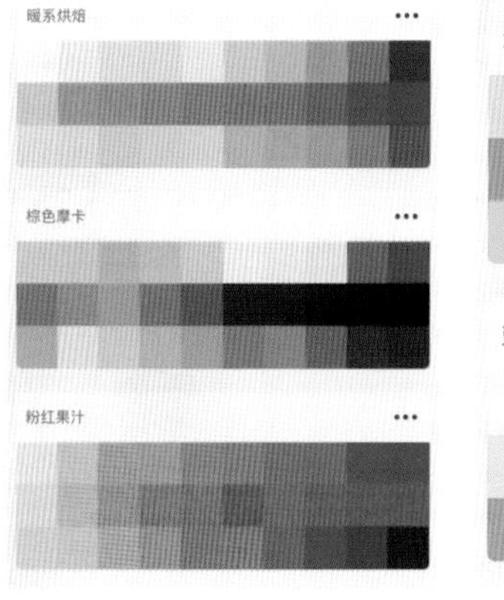

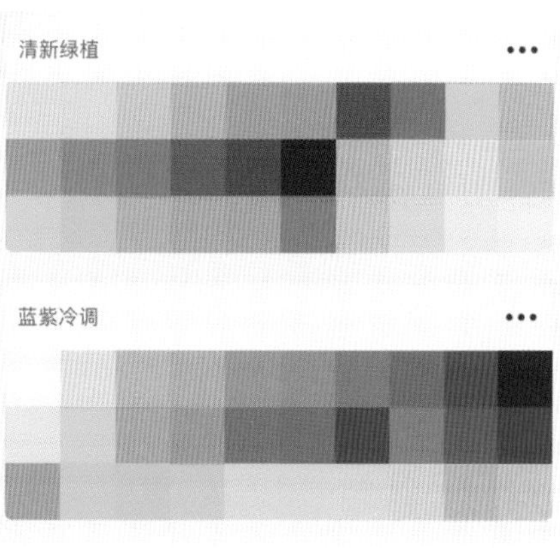

第2章 iPad 数码水彩手绘基础

了解用iPad绘制水彩风格画的基础技法，掌握好基础技法，能使后续绘制案例更容易上手。

2.1　草图绘制技巧

绘制草图可以快速地将物体的造型轮廓概括出来，而且草图的效果关系着整体造型是否准确，所以草图打型准确很重要。

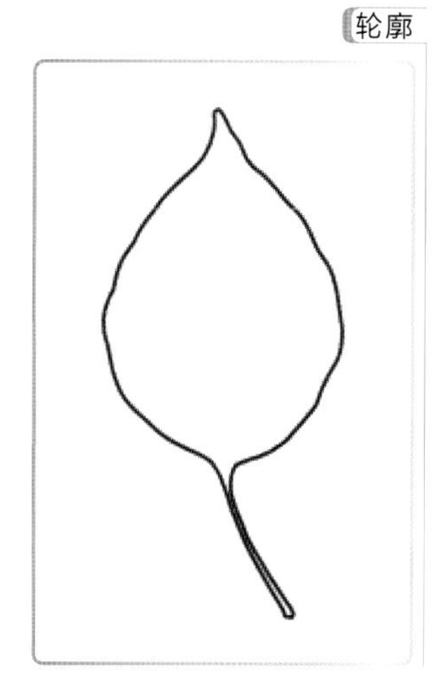

轮廓位置也是绘制草图需要准确把握的地方，草图造型越接近轮廓，绘制出来的造型就越精准。

新手很容易在看到图后直接上手，结果绘制出来的图形不尽如人意。其实在绘制草图前，需要先观察物体的造型特点，想好如何构图，有了思路再绘制，方向才清晰。绘制的时候，可以先用几何图形/网格工具辅助绘制物体大轮廓，接着再用弧线刻画细节，这样方便调整整体造型。如果一开始就去刻画细节，那么很容易陷在细节中，而忽略了整体造型。

2.1.1 用几何图形辅助打型

用几何图形辅助打型的步骤如下。

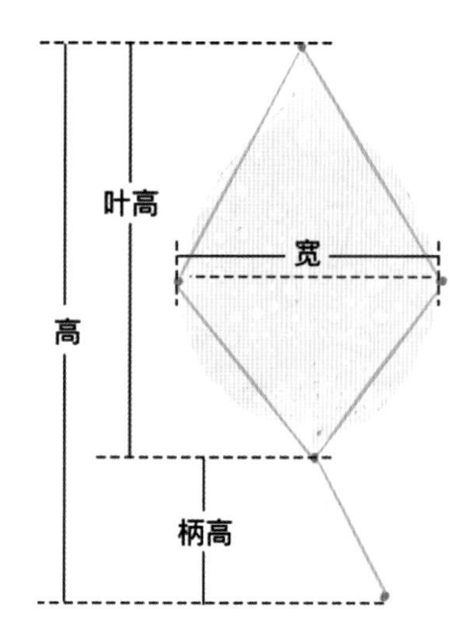

01 新手练习时，可以将图片素材导入画布，观察它的宽、高位置并在照片上标注出来，用直线连接各个点，并观察直线之间的倾斜角度，物体的几何大轮廓就概括出来了。练熟后就可以省略这一步。

02 单独临摹物体的几何大轮廓。仔细观察物体的宽、高位置和直线倾斜的角度，用“铅笔笔刷”绘制出来，临摹得越准，后续打型也越准。这样可以很好地锻炼观察和概括能力，为以后更准打型打基础。

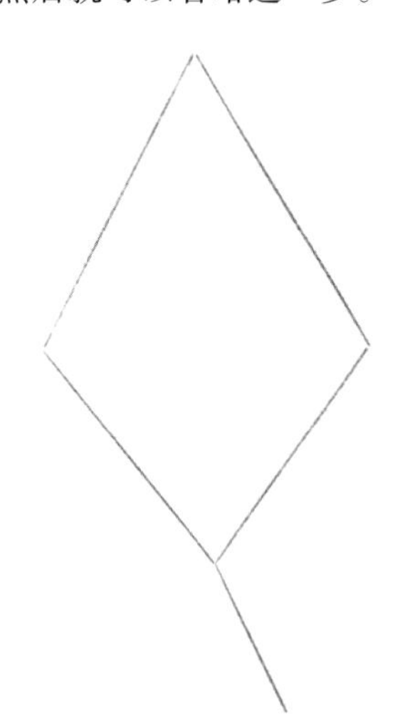

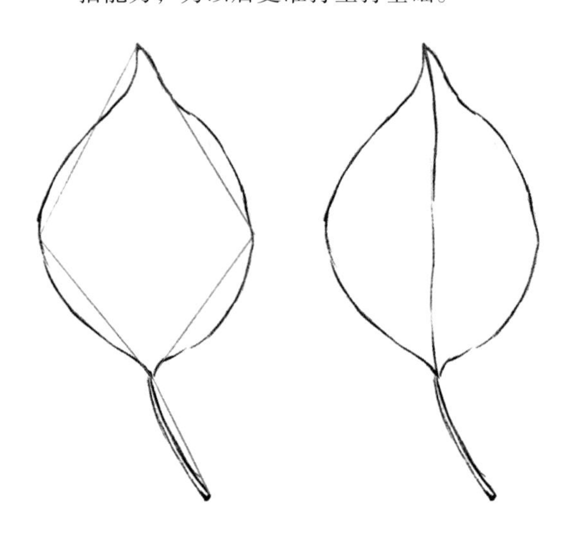

03 大轮廓画好以后，进一步观察大轮廓与物体形状（凹陷 / 凸出）的距离，用弧线一点儿一点儿调整外轮廓，最后再刻画轮廓中的细节。

下面用几何图形绘制一个更复杂的叶子造型。

元宝枫叶的草图绘制方法也是一样的，叶子有 5 个尖角，左右叶子大小较均等，以中间尖角为叶子中心，把左右分为两半来绘制。以每个叶子角定位大轮廓宽、高，用直线把每个点连接起来，并观察直线之间的倾斜角度，再用弧线刻画轮廓里的细节。

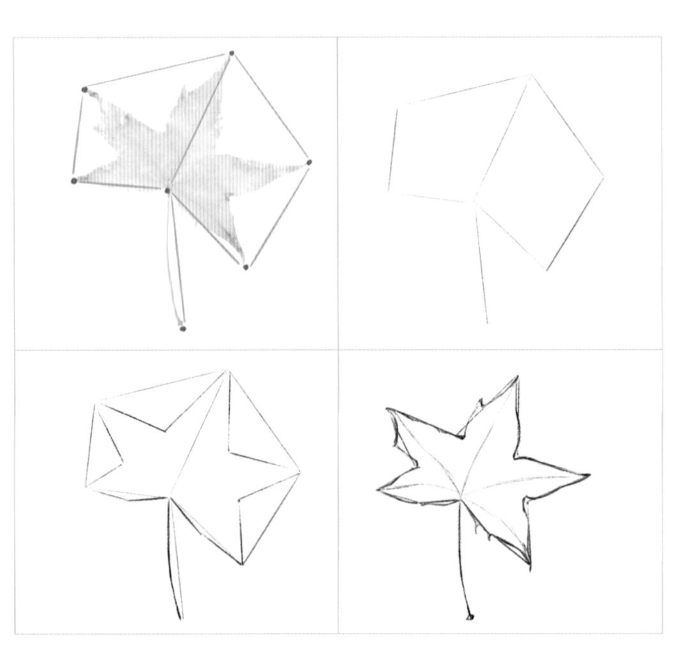

2.1.2 用网格功能辅助打型

用网格功能辅助打型的步骤如下。

01 把素材图形导入画布，打开画布中的“绘图指引”，通过“编辑绘图指引”将网格尺寸调大一点儿，观察素材的宽、高位置在网格的哪个位置。

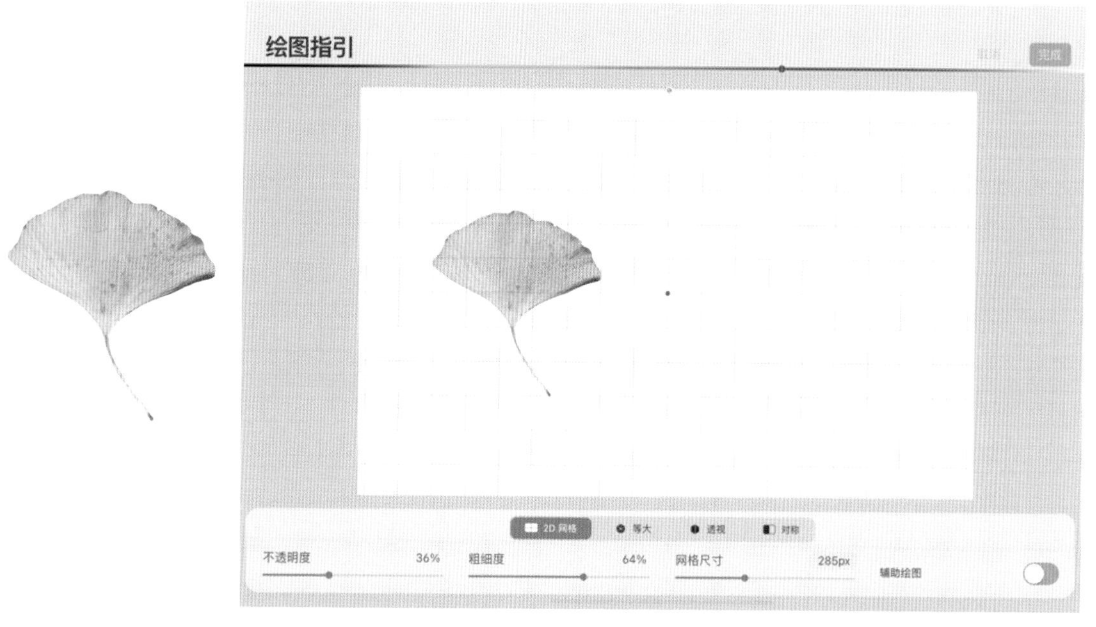

02 根据长、宽、高占据了多少网格位置，用点定位出来，接着观察叶子轮廓占据了哪个格子什么位置，用直线简单地勾勒出大轮廓线。

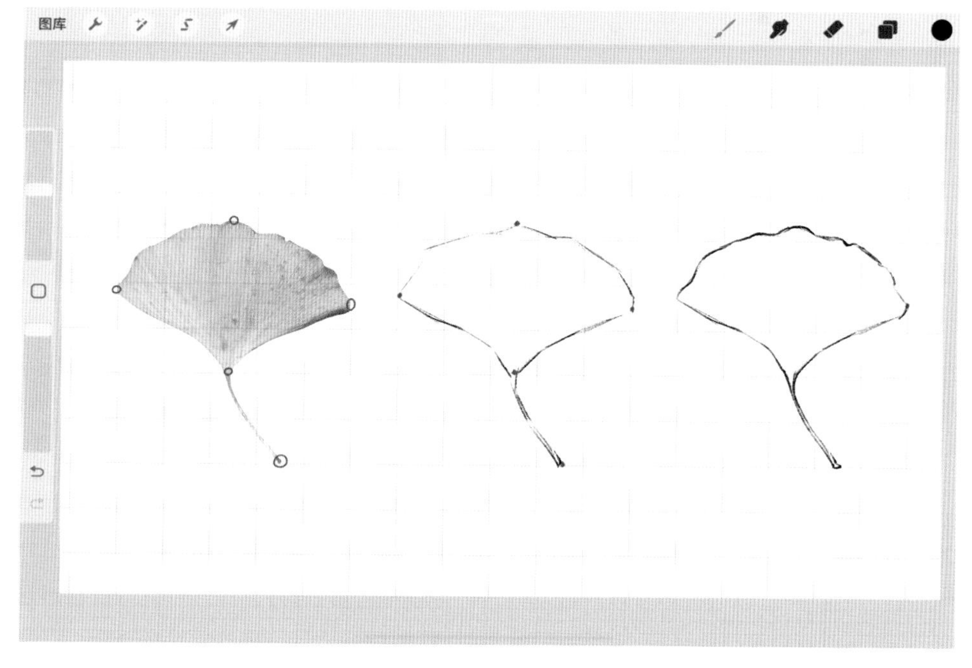

03 用弧线细致刻画造型细节，多余的线可以擦掉。

2.2 线稿绘制技巧

本书绘制的水彩风格是钢笔淡彩类，以钢笔画的线条强调造型轮廓，再用水彩平涂上色。所以，线稿的刻画是重点，那么绘制的时候，丰富多样的线条能让线稿整体富有层次感和节奏感，而单一的线条则会显得生硬、沉闷。

2.2.1 线条的力度

在用 Procreate 画线稿时，是用 Apple Pencil 结合“钢笔笔刷”来模拟钢笔画的线条质感，根据用笔压力的轻重，线条也会有粗细变化。用笔的压力大则线条粗，用笔的压力小则线条细。若力度均匀，则线条粗细均匀，无明显变化。新手需要多练习用笔的力度，才能更好地掌握线稿粗细变化。

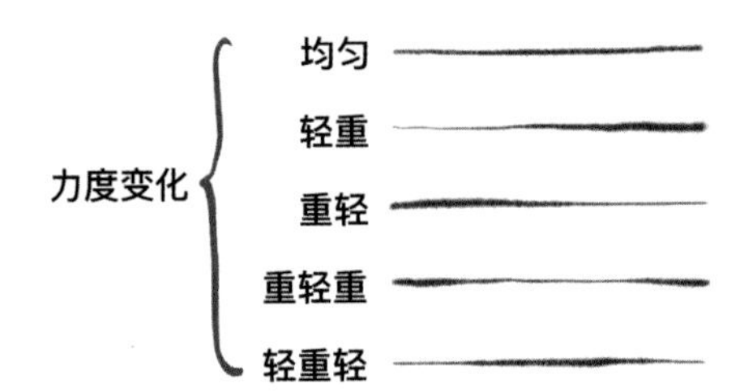

2.2.2 线条的颜色

在纸上绘制钢笔淡彩线稿时，用钢笔画一条线停顿在纸上后，纸吸收了更多的墨水，聚集的地方颜色会加深。但用 Procreate 绘制一条线停顿后却没办法加深颜色，这时需借助“钢笔笔刷”笔触颜色重叠会加深的属性来模拟加深效果。颜色重叠次数与加深的效果有关系。

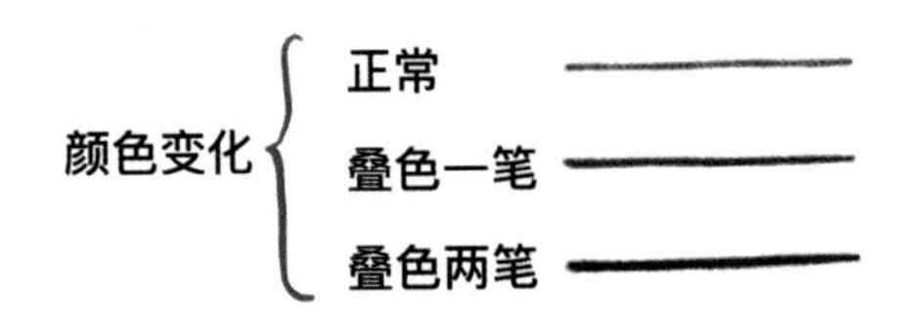

技巧

【线稿颜色绘制常用 3 种形式】

第 1 种：浅深，只加深线条结尾。画一条线到结尾处时回勾叠加 1~2 笔颜色加深结尾。

第 2 种：深浅，只加深线稿开头。开头只画一点儿线，回勾叠加 1~2 笔颜色加深开头，再接着画完整线。

第 3 种：深浅深，只加深开头和结尾，中间正常颜色。开头一点儿线条回勾叠加 1~2 笔颜色加深开头，中间线条正常画完后在结尾处再叠加 1~2 笔颜色加深结尾。

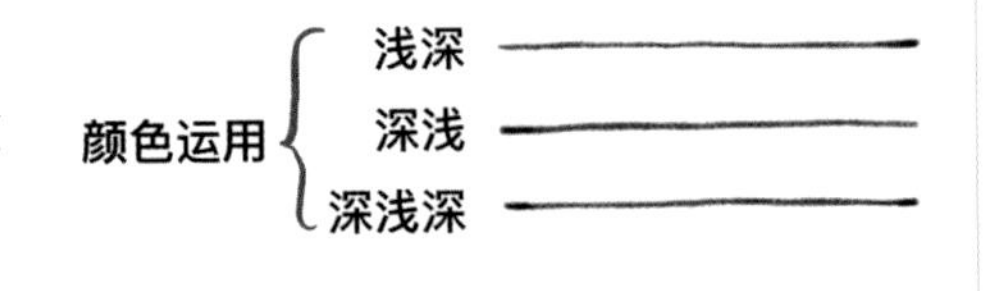

2.2.3 线条的层次

在绘制物体时，想要线稿有层次感，那么线条就要有虚实变化。线条不像颜色能有明显的深浅变化，但可以用线条的疏密来表现，密就是线条很实无虚线，疏就是虚线和点点串联。比如，轮廓明显的地方画实线，轮廓不明显的地方则画虚线和点，这样可以营造实虚。

以叶子线稿的绘制为例，叶子的外轮廓我们可以看得很清楚，这时线条可以画实，但叶子的脉络却不是很清楚，这时可以由线条逐渐变为虚线和点点来淡化轮廓。

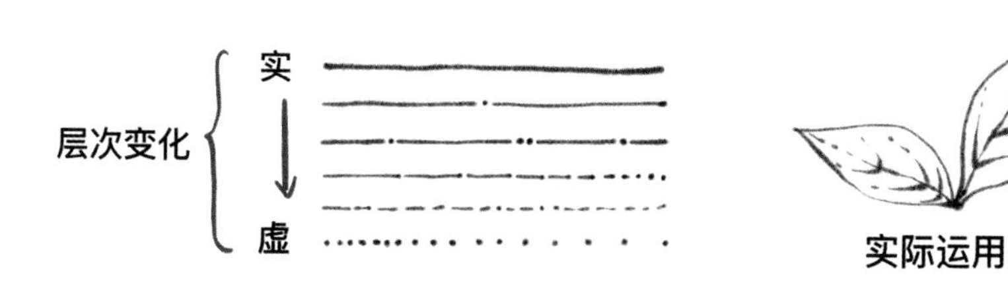

2.2.4 线条的质感

每个物体的质感都是不一样的，有的光滑，有的粗糙。用线条来表达质感时可以用流畅度来体现。流畅的线条看起来顺滑，适合表现质感光滑的物体。而不流畅的线条看起来凹凸不平和粗糙，更适合表现粗糙质感的物体。

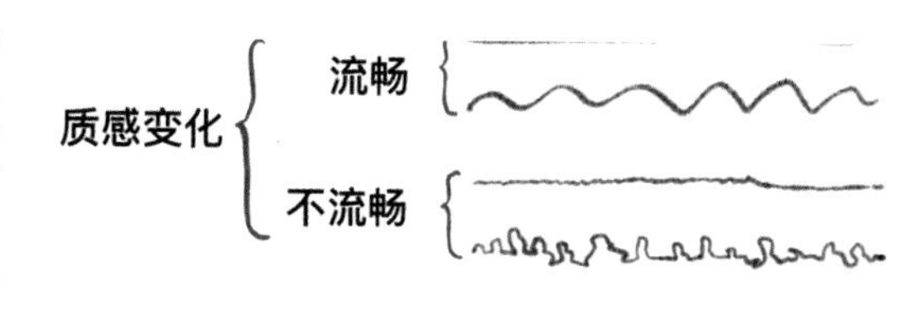

以水煮虾和炸虾的线稿绘制为例，水煮过的虾表面光滑，而油炸过的虾表面粗糙。绘制的线稿质感也是有明显区别的。

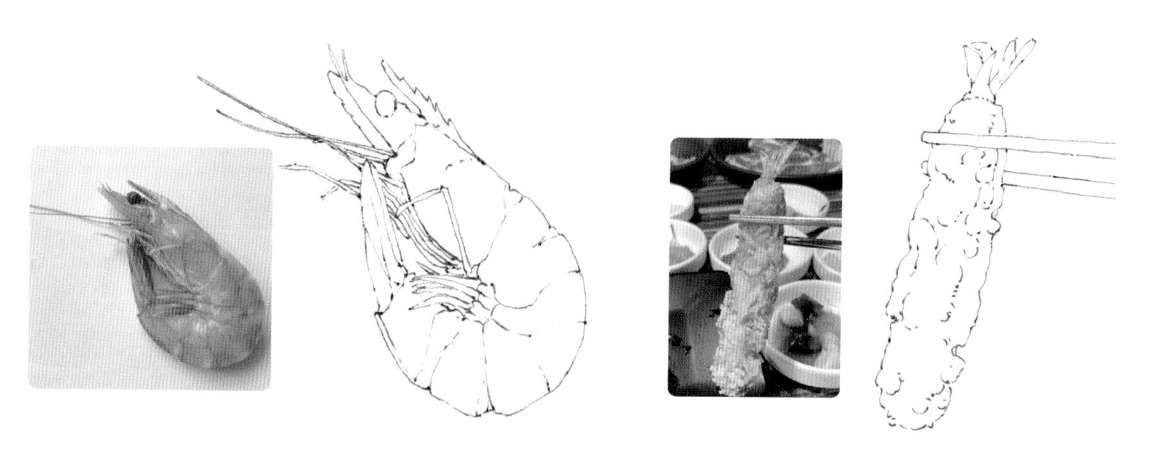

2.2.5 绿植线稿绘制基础

绿植是绘制小场景以及建筑时经常画的元素，新手刚接触时很容易无头绪、慌乱。但是，只要把整体元素拆解为一个个的线条“小零件”，熟练后，再把小零件重组构成整体线条，就容易多了。

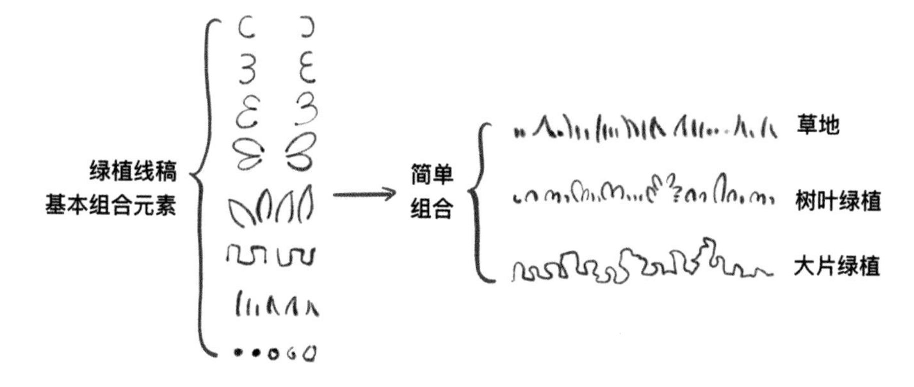

比如绿植的构成元素可以想象为 C、3、蝴蝶翅膀、蜻蜓翅膀、叶子、凹凸字、小短线、刺、点点等，灵活运用它们组合在一起来绘制绿植。新手可以多练习几组组合在一起的方式，下图是一些案例的运用。

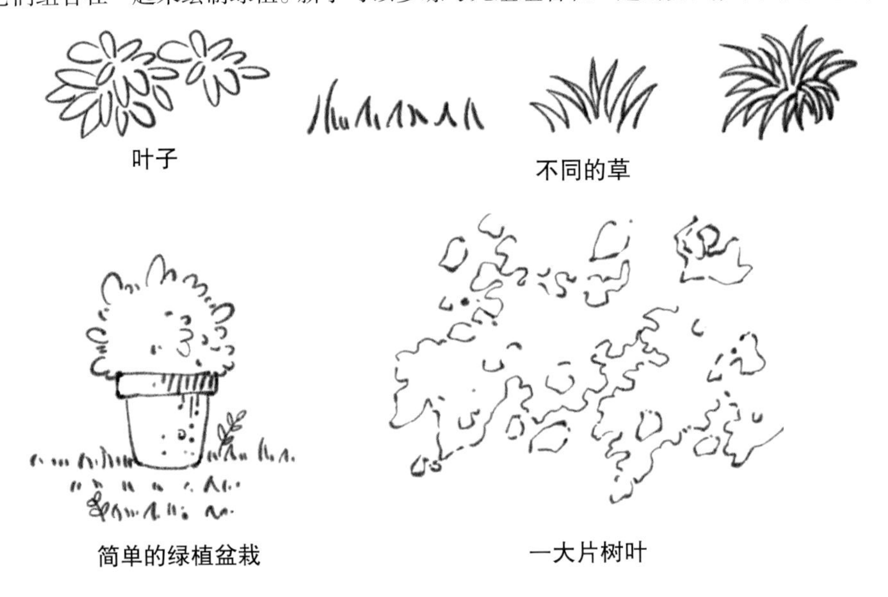

叶子　不同的草

简单的绿植盆栽　一大片树叶

2.3 上色绘制技巧

在 iPad 上绘制水彩风格也会用到纸上水彩的技法，但表现手法有所不同。iPad 水彩风格上色更加注重灵活运用不同笔刷的质感，通过搭配“涂抹工具”上色来模拟纸上水彩的上色质感。

“笔刷”就像蘸了不同水彩颜料的笔，而“涂抹工具”搭配“涂抹过渡笔刷”可以用来过渡柔和水彩颜色边缘。

2.3.1 平涂上色

常用“干水彩”“浓湿边”“软湿边”“颗粒水彩”4 款笔刷平涂上色，每款笔刷平涂出来的质感都不一样，新手绘制之前一定要熟悉每款笔刷的特点。在平涂底色时，色块尽量不要重叠，以免出现叠色加深情况。如果色块重叠加深了，那么可用“涂抹工具”过渡均匀。

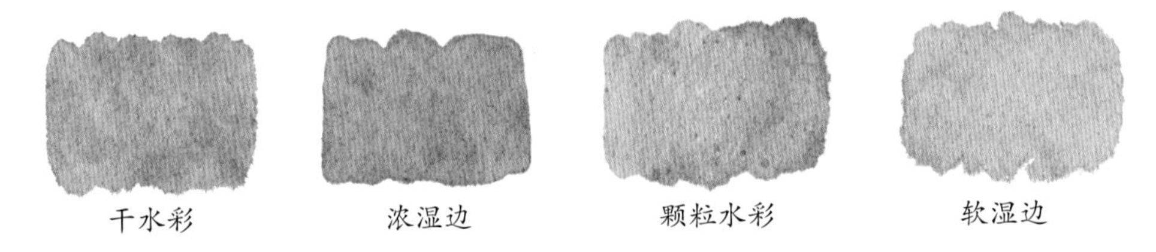

干水彩　浓湿边　颗粒水彩　软湿边

2.3.2 过渡颜色

用“涂抹工具”搭配“涂抹过渡笔刷”，可以用来过渡柔和色块边缘，营造深浅渐变效果。如果想在过渡的同时保留笔触质感，那么就不能全部涂抹均匀，而要保留部分色块边缘。过多地涂抹均匀会导致色块缺乏质感，而变得模糊。

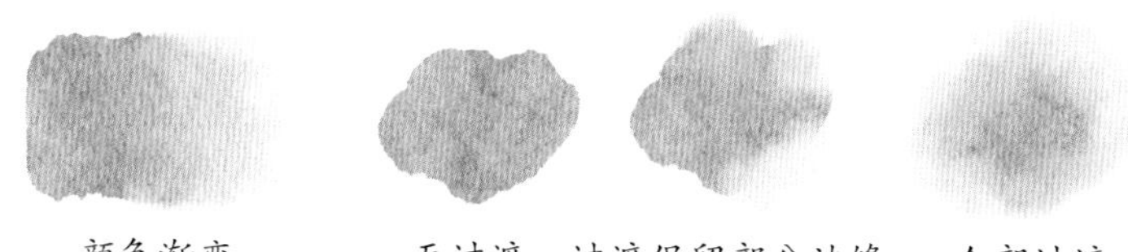

颜色渐变　　无过渡　过渡保留部分边缘　全部过渡

2.3.3 接色

用笔刷绘制挨在一起的不同颜色色块时，可用“涂抹工具”搭配“涂抹过渡笔刷”过渡相邻色块之间的颜色，让颜色自然衔接在一起。对“涂抹过渡”的技巧有一定的要求，新手刚接触会有些许难度。

平涂色块

过渡色块

过渡自然接色

2.3.4 混色

平涂色块后，用“湿海绵笔刷”选不同的颜色来晕染色块，营造混色效果。这种混色方式简单自然，很适合新手。

平涂色块

“湿海绵笔刷”混入其他颜色

2.3.5 叠色加深

叠色加深的方式有两种，一种是调整图层模式加深颜色，另一种是调整笔刷参数加深颜色。

（1）调整图层模式加深。平涂底色后，新建“正片叠底模式”图层上色加深。优点是方便后续修改和删除，不影响底色。

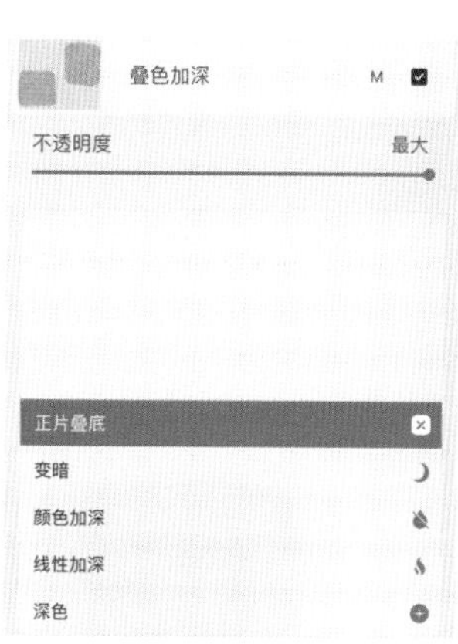

（2）调整笔刷参数加深。单击选中的上色笔刷，在“画笔工作室”中将“渲染”的“混合模式”改为“正片叠底”，这样笔刷上色重叠的位置就会有明显的叠色加深效果，缺点是颜色效果都合并在一个图层，不方便后续修改和删除，不推荐新手使用。

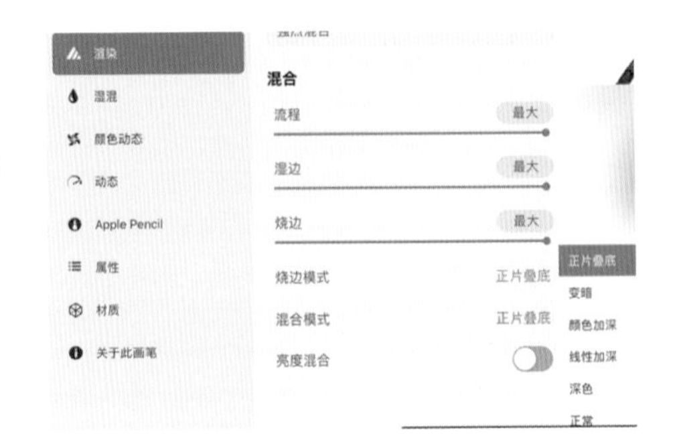

2.3.6 点染

点染主要使用“大墨点笔刷”来点染颜色。正常的点染直接用笔刷选色即可，如果想让点染的颜色有加深效果，需新建“正片叠底模式”图层来点染。

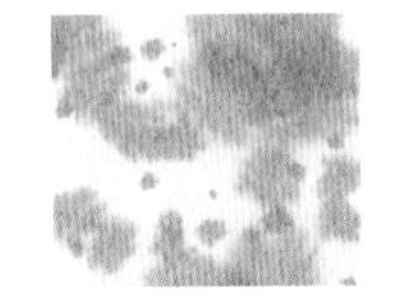
正常点染

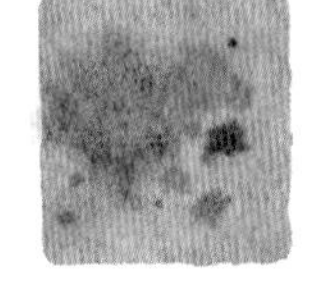
加深点染

2.3.7 留白

手动留白需一笔平涂颜色不松手，手动把高光或空白的位置留出来，有一定的操作难度，但笔触边缘质感有保留。新手可以用“擦除工具”把留白擦出来，或者用“白墨笔刷”选白色，平涂出高光或空白位置。

手动留白

擦除留白

平涂留白

2.3.8 喷溅

常用“小墨点笔刷”来营造喷溅墨点的效果，增加画面和物体的质感。

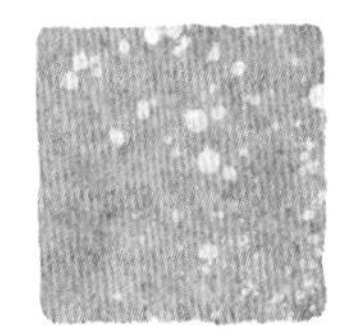

2.3.9 笔触

笔触主要有色块和线两种形式。大小不同的平涂色块以及重叠色块适合营造凹凸不平的粗糙质感。长短、粗细不一的线条色块适合营造小草和毛绒质感。

平涂色块

重叠色块

线条色块

2.4 基础透视技巧

透视在绘画当中是很重要的基础知识。掌握好透视在画面中可以更好地表现物体空间感和体积感。接下来会带大家简单了解透视的一些基础知识。

2.4.1 透视的基础规律

【近大（宽）远小（窄）】

可以看到桌面上三只小鸟摆件的大小都是一样的。

但将后面两只小鸟摆放得离第一只越来越远时，看着也就越来越小了，这就是常见的近大远小原理。

前面说到离得近的会比远的大，那么近的变大了，宽度肯定也会比远的更宽。以这个长方体为例，可以看到长方体的宽是一致的，因为透视原因，长方体近处面边缘比远处的更宽，而越远则变得越窄了。

【近实远虚】

以这张风景照片为例，在视线近处的建筑风景能看清楚窗户轮廓细节和墙面质感，到了远处看到的窗户只有大概轮廓了，这就是透视的近实远虚原理。那么，在绘画当中，离得近的物体轮廓细节应清晰刻画，离得远的则弱化细节轮廓，这样可以更突出层次递进和空间延伸感。

2.4.2 透视的类型

本节主要介绍一点透视、两点透视、三点透视的特点。

【一点透视】

物体透视延伸汇聚最终消失的点为“消失点”。以这张马路图片为例，人是站在马路中间向前方看的，可以看到离马路距离越来越远，马路两边也越来越聚拢在一起，而最终汇聚一起消失的地方就是“消失点”。

一点透视也叫平行透视，只有一个“消失点”。可以看到立方体正面这一面没有透视的变化，而其他的边都有透视变化。这与前面说的近大（宽）远小（窄），近实远虚规律都有关系。

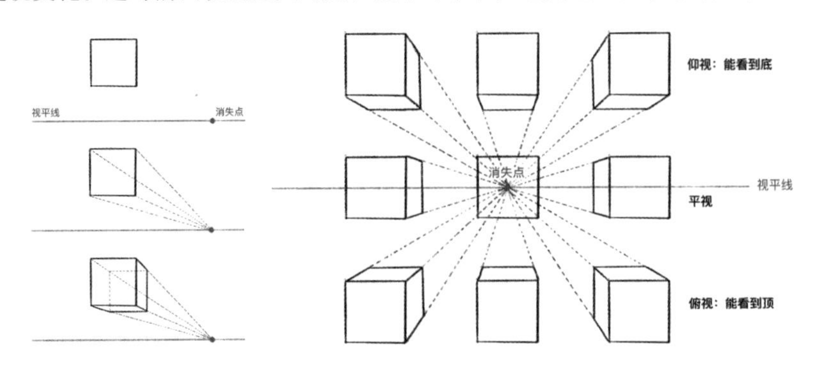

立方体的平行透视

【两点透视】

两点透视有两个“消失点”，也叫成角透视。可以看到立方体是成角的面，仅垂直线无透视变化，空间感和体积感会比一点透视明显。

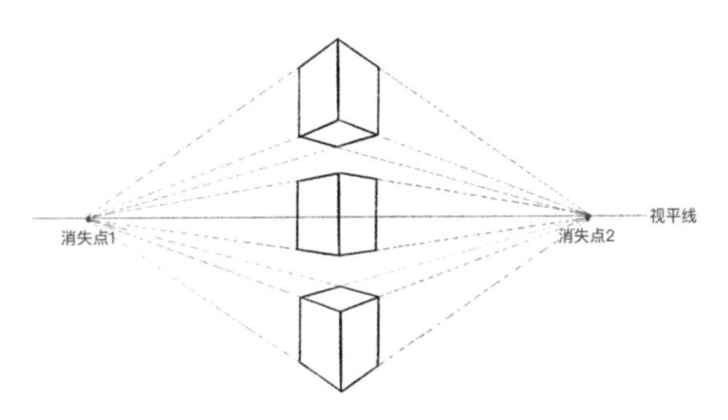

【三点透视】

三点透视有 3 个“消失点”，也是倾斜透视。但是只有两个点在视平线上，而第三个点不在视平线上，可以看到立方体的每个面和线都有透视变化。这种透视常用于绘制高层建筑、俯瞰图和仰视图，比一点透视和两点透视的空间感、立体感和视觉冲击力更强，难度也更大，但是不常用。

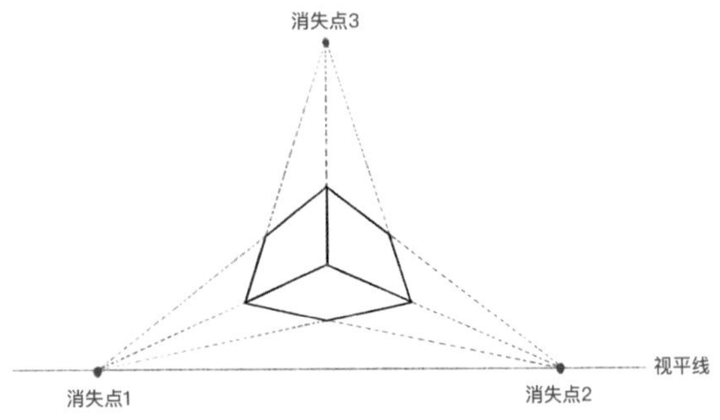

2.4.3 Procreate 透视辅助功能

其实在 Procreate 中就有辅助画透视的功能“透视指引”，单击“操作”，打开“画布”中的“绘图指引”，单击“编辑绘图指引”就能看到“透视指引”功能。

选择“透视”工具后，轻点界面任意一处即可创建消失点（透视点）的位置，最多可创建 3 个消失点。使用“一点透视”“两点透视”和“三点透视”可以辅助绘制，创建成功后就能看到透视辅助线了，上方颜色条能变换线的颜色。单击创建的“消失点”可以“删除”或“选择”移动。打开右下角的“辅助绘图”开关，还能辅助矫正绘制的透视线条。

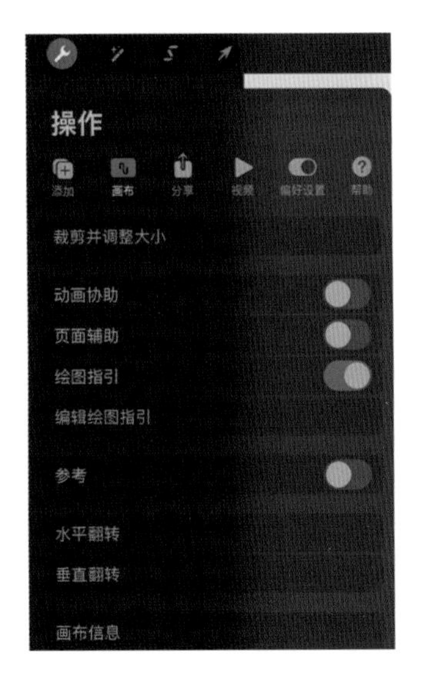

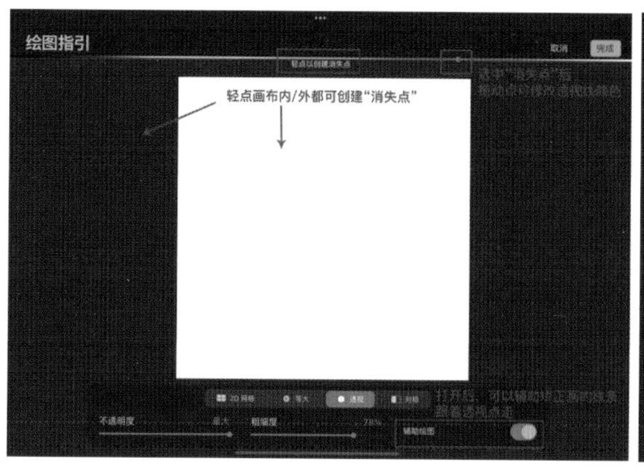

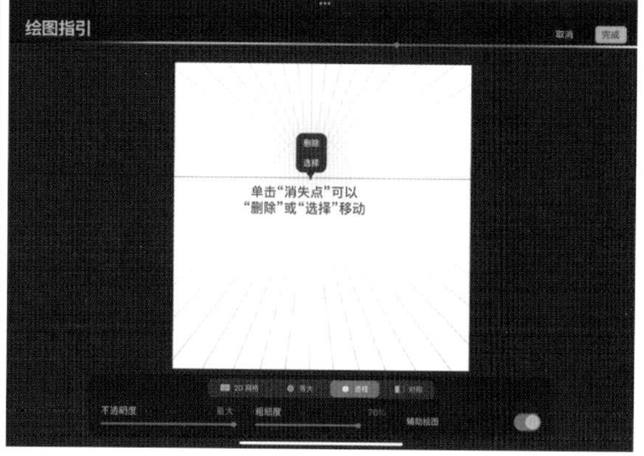

这里又试了常用的一点透视和两点透视，感觉很棒。读者也可以打开这个功能进行练习，加深对透视的了解。

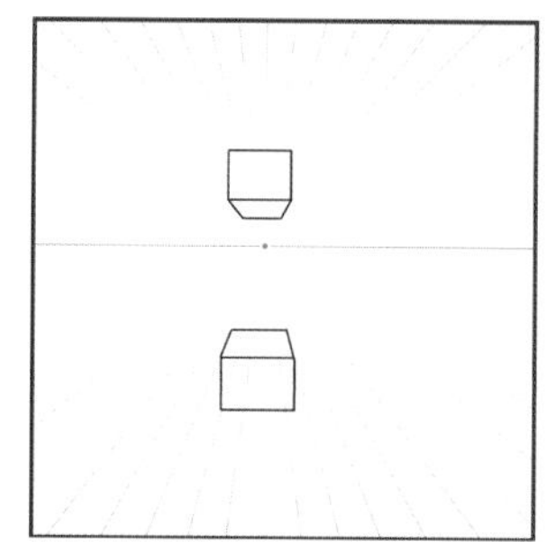

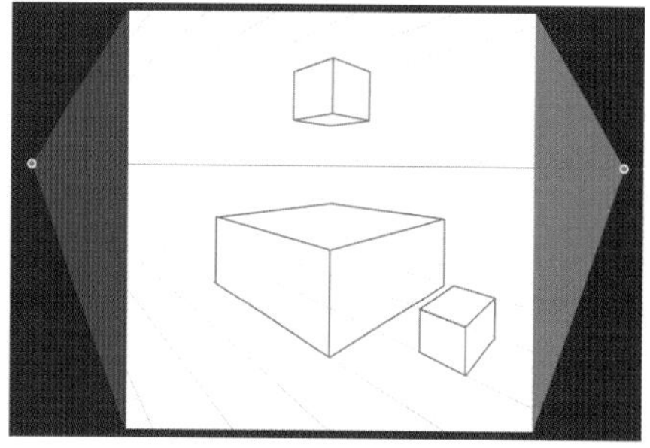

2.5　立体感绘制技巧

立体感的营造是新手经常遇到的问题，如果营造不好，就会导致画出来的物体看起来没有立体感。如何营造好立体感是这一节的重点。

物体在光照下都会有明暗变化，也正是因为有了明暗变化，物体看起来才立体。在绘画中常用"三大面"和"五大调"来表达明暗关系，找出物体表达的明暗关系后再进行绘制，可以更好地营造立体感。

【三大面】

"三大面"分为亮面（受光面）、灰面（侧光面）和暗面（背光面），也是物体最明显的明暗关系，常用"黑白灰"来概括每个面的深浅变化。下面以正方体为例，可以看到颜色由"亮面"的浅色到"暗面"颜色加深，而"灰面"则是过渡亮和暗之间的中间色。

扁平

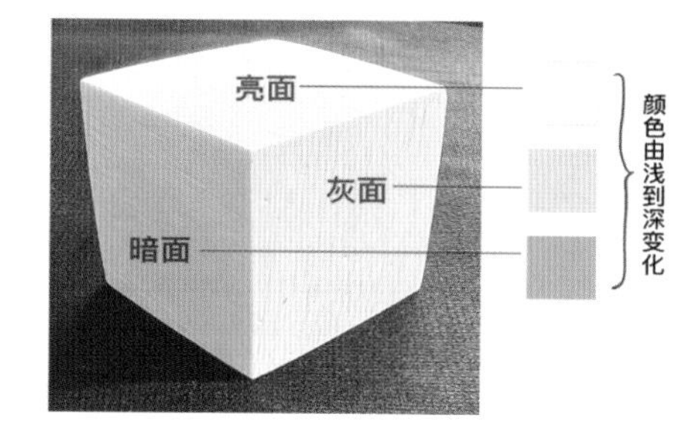

立体

【五大调】

“五大调”分为高光（亮面）、灰面（中间色）、明暗交界线、反光和投影，比“三大面”更加细化了明暗关系。注意，“明暗交界线”是灰部和暗部的交界对比的部分，而不是指一条线，会根据光源方向和物体形状而变化。

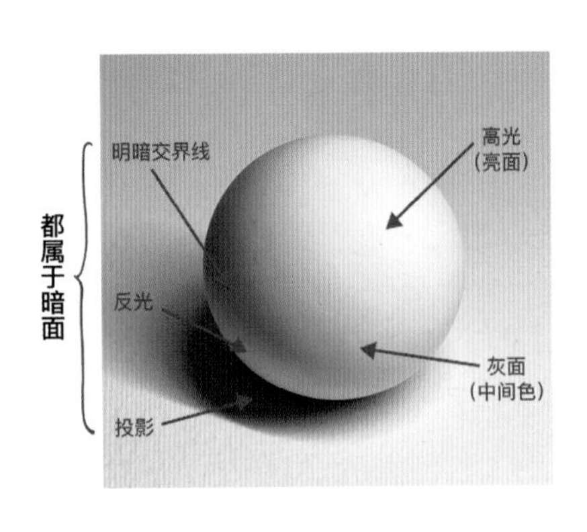

把“黑白灰”的深浅颜色运用到彩色案例绘制中，就是以颜色的深浅变化来营造立体感。以多肉案例为例，不论是黑白灰效果还是彩色效果，多肉都从无立体感逐渐变得立体，而颜色也由浅到深逐渐丰富，再加上高光点缀，立体感就更饱满了。

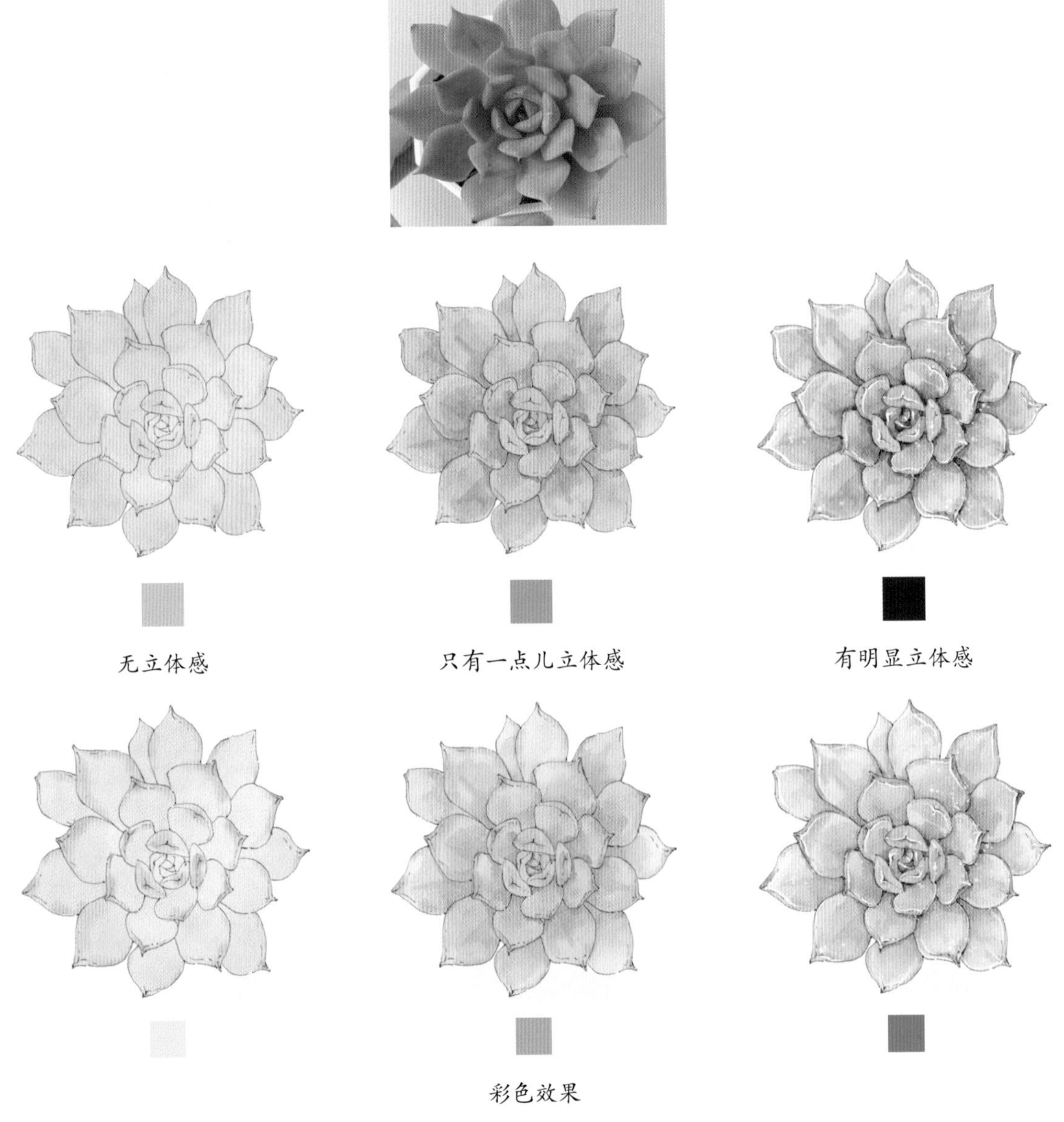

新手上色的立体感诀窍总结：找准明暗关系，上色有深有浅，且变化明显。

第3章

iPad 数码水彩色彩基础

在 iPad 上绘制水彩风格，虽然少了纸上水彩调色控水的步骤，但新手在刚接触的时候，还是容易发生用色过灰、饱和度太高而荧光、用色单一的情况。接下来会教大家灵活地运用 Procreate 的选色功能，以及简单实用的选色技巧，更好地辅助上色。

3.1 色彩的模式

数码绘画有 RGB 和 CMYK 两种颜色模式。在创建 Procreate“自定义画布”的“颜色配置文件”中可选择设置，不同的颜色模式用途也不同。

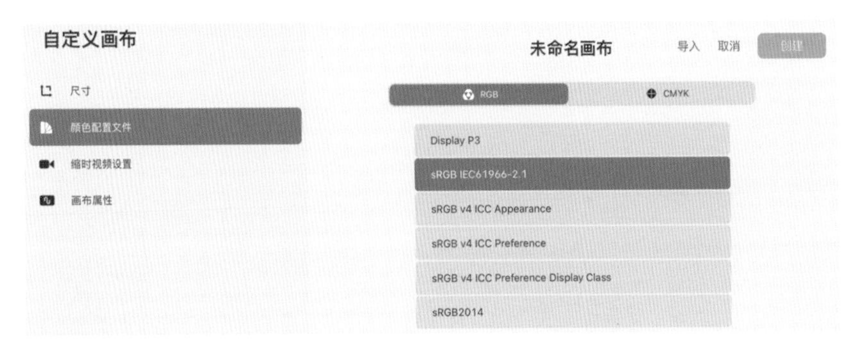

【RGB 颜色模式】

RGB 是显示器（数位屏）显示的颜色模式，如果用 iPad 画的作品不印刷，只在网络上发布观看，使用 RGB 颜色模式即可。

【CMYK 颜色模式】

CMYK 是印刷类作品的颜色模式，如果要将 iPad 画的作品印刷成实物产品，那么画布的颜色配置最好设置为 CMYK 颜色模式，这样印刷出的颜色效果才能更接近原始文件的效果，从而减少色差（若印刷的数量较多，最好能去印刷工厂看实际打样效果，方便沟通调色）。

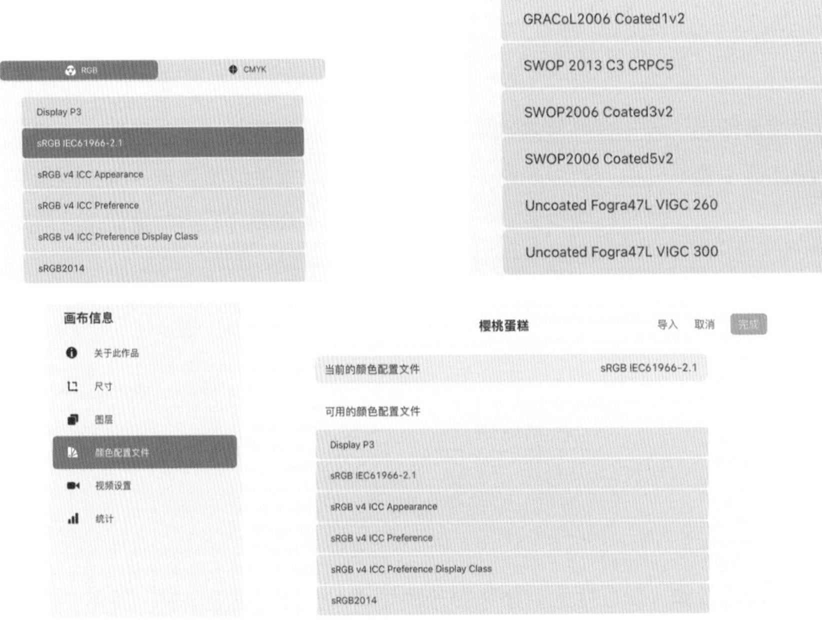

注意，在 Procreate 已创建的画布中，RGB 和 CMYK 两种颜色模式之间不可转换。仅能更换画布已选择创建颜色模式下的配置文件。

3.2　选色功能详解

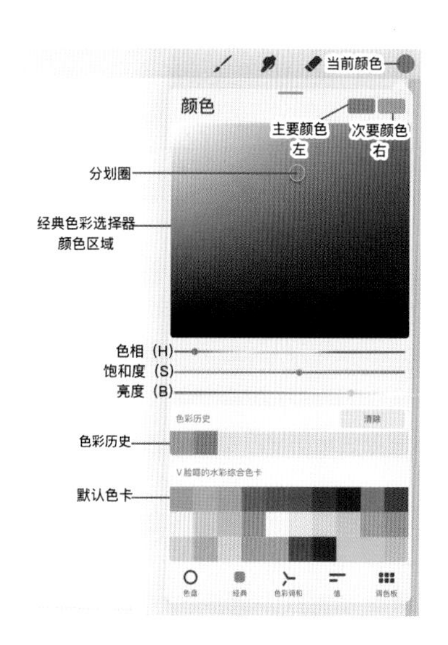

用 Procreate 软件上色，一定要仔细了解它的选色功能，才能利用好工具辅助上色。在“颜色”面板中，经常用的是“经典”选色器模式，接下来会详细地介绍它的功能。

【当前颜色】

当前颜色就是当前选中的颜色。

【主要颜色】

可以看到右上角有两个颜色格子，左边的为主要颜色。

【次要颜色】

右上角右边的颜色格子为次要颜色，在调整笔刷的“颜色动态”属性时就会用到，可以制作渐变笔刷。

【经典色彩选择器】

经典色彩选择器是一个方形的颜色选择区域，移动“分划圈”可以调节颜色的饱和度和亮度。

【色相、饱和度、亮度功能滑块】

色相、饱和度、亮度也就是 HSB：H（色相）、S（饱和度）、B（亮度）。左右拖动 3 个颜色条上的圆形滑块，即可调节所选的颜色。

【色彩历史】

显示当前画布最近使用的 10 种颜色，新增的颜色会将之前的旧颜色逐渐替换掉，是很方便的选色工具。注意，有的 iPad 没有该功能。

【默认色卡】

只要是设置为默认的色卡都会在这里看到；如果有更换，这里也会随之更换。

【颜色浮窗】

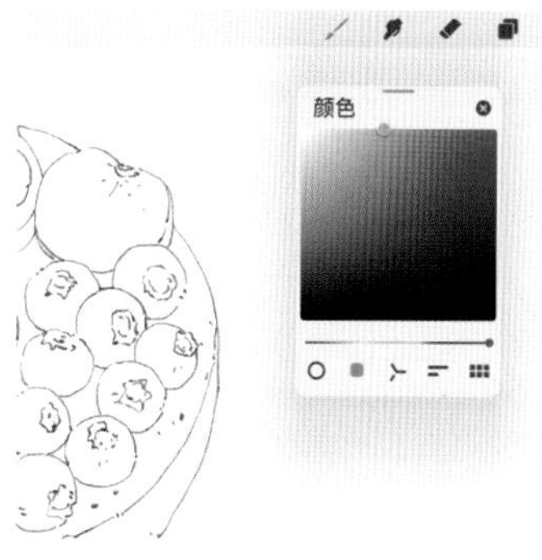

可拖曳“颜色”面板上方的灰色小长条按钮到画布的任何地方，它会缩小为一个可移动位置的小浮窗，不用再单击颜色就能选色，也更节省时间。单击小窗口右上角的“关闭”按钮，即可关掉小浮窗并恢复到原始状态。

3.3 色彩的调配

色彩的调配又称色彩调和，指在绘画艺术中，将共同或相近似的色素通过配置形成和谐统一的效果。本节主要介绍颜色区域的选色技巧，色相、饱和度、亮度以及色彩的温度等知识。

3.3.1 颜色区域的选色技巧

在经典色彩选择器的颜色区域中，选色越往上亮度越高，越往右饱和度越高。这里将颜色区域划分为 11 个板块，下面详细讲解不同位置的选色特点。

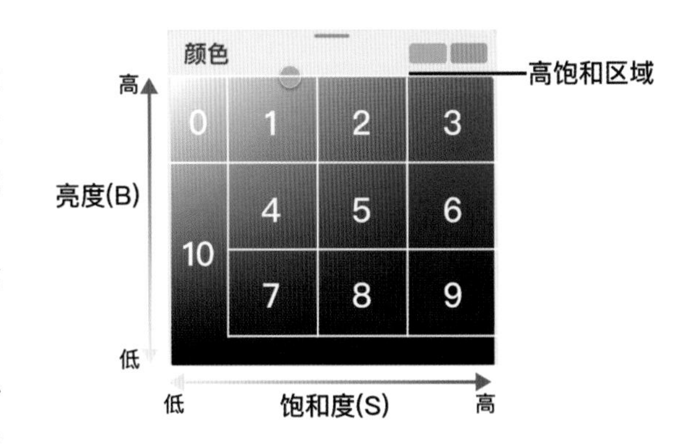

0：往上适合选特别淡的颜色，往下适合选不同色调的灰色用来画投影。

1 和 2：适合画比较干净的颜色。建议选绿色不要靠上，会容易变荧光色，中下位置选色更合适。

3：颜色的亮度和饱和度较高，特别是右上角置顶区域颜色会很艳丽，画清新色调尽量少选。

4：亮度和饱和度都较低，颜色都灰，是选色容易脏的区域，尽量少选。

5：色调比 4 要好很多，亮度和饱和度都中等，适合选偏灰一点儿的颜色但又不易脏。

6：适合选加深颜色，如果想深色比较干净，那么可以靠右选色。

7 和 8：亮度和饱和度很低，下部沉闷的黑色占了一半，选上部的颜色会更透气。

9：颜色最深，但饱和度比 7 和 8 要好很多，黑色占了下部一半，所以选色时尽量靠右上部，这样选的颜色才更好看。

10：颜色以灰黑为主，颜色显脏且沉闷，尽量避开不选。

3.3.2 色相、饱和度、亮度

【色相】

色相就是不同颜色的样子，比如红、橙、黄、绿、青、蓝、紫。在经典选色面板中，左右拖动颜色条上的圆形滑块可以改变颜色。

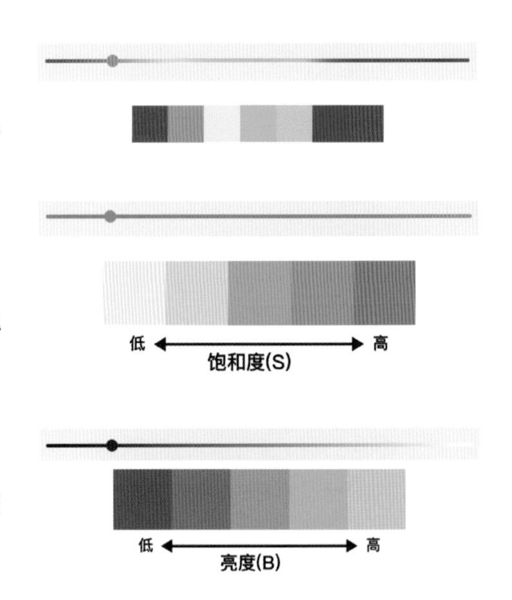

【饱和度】

饱和度主要是调整颜色的鲜艳程度，饱和度越高颜色就越鲜艳，饱和度越低颜色就越暗淡。

【亮度】

亮度用来调整颜色的明亮程度，亮度越高颜色就越明亮，亮度越低颜色就越灰暗。

3.3.3 色彩的温度

颜色有冷暖之分，冷色系的颜色看起来感觉凉爽，而暖色系的颜色则看起来感觉热情、温暖。

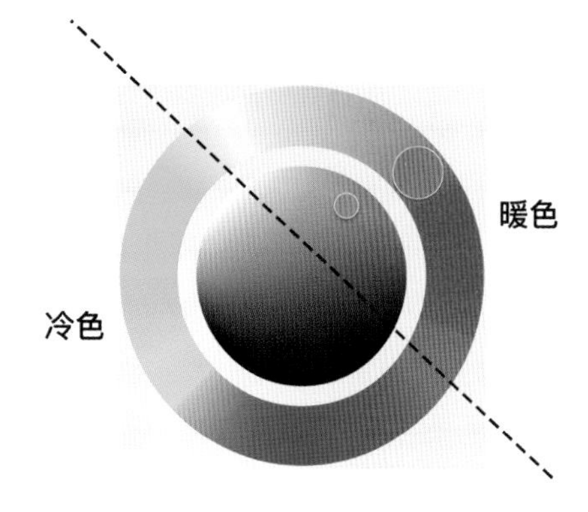

在色盘选色器即可看到

【冷色】

冷色系的颜色主要有蓝、绿、紫，在绘画冰饮、建筑、投影时会用得多些，也会用一点儿暖色来中和冷色，让画面的色彩更加平衡、丰富。

左边店铺感觉冷清安静，而右边店铺加了暖色的灯光和窗帘，看起来热闹，营业的感觉也更加明显。

【暖色】

暖色系的颜色主要有红、橙、黄，在绘画美食类时以暖色居多，看起来会令人更加有食欲，能渲染、烘托热气腾腾的氛围。但也经常会在暗面混入一点儿冷色，丰富明暗色调，或者加一些冷色系的元素来丰富画面。

樱桃右下角暗面中混入一点儿冷色系的蓝色，使明暗色调更加丰富。

可颂中混入了冷色系的植物和蓝莓水果装饰，画面整体颜色就变得丰富起来了。

3.4 色彩的借鉴

在绘画的时候，我们经常会找参考图片，但新手容易受参考图片的色彩质量影响。如果找的参考图片颜色干净漂亮，绘出来图的颜色会好看些，一旦找的参考素材颜色灰暗，绘出来的图就过灰、不好看。这是因为新手对于色彩的借鉴提取和表达的经验不足导致的，接下来讲解对新手实用的图片色彩借鉴提取技巧。

3.4.1 图片的选择技巧

大部分人都会找色彩干净漂亮的参考图片来画，这些图片都是经过了修图调色的，已经很完美了，所以新手跟着图片来画颜色，也不容易翻车。若找了调色不好的参考图片画，则会习惯性地跟着参考图片颜色走，就会导致作品的颜色效果不好看。所以，新手在选择素材的时候要学会找颜色合适的参考图片。

合适的参考图片需要颜色明亮、干净清晰、不灰脏模糊。以右边两张图片为例，左边的无花果吐司图片大部分人都会喜欢，因为颜色干净明亮，看起来也有食欲，很适合作为参考图片。而右边的芒果舒芙蕾照片却又灰又暗，看起来也不美味，颜色明显不适合拿来作参考。

3.4.2 图片的调整技巧

如果你非常喜欢某张颜色不好图片的案例，又担心画出来的作品颜色不好看，那么这时可以用自己的手机或调色软件来给图片调色，让它的颜色变好看。这个方法可减少新手受参考图片颜色不好的影响。

常用的调色参数主要是曝光、对比度、亮度、饱和度、温度，大家可以多试一试，网上也有很多的调色技巧可供借鉴和学习。但这个只是一个辅助技巧，大家还是需要提升颜色的感知能力、积累配色经验，不能太依赖这个办法。

未调色

调色后

未调色

调色后

第4章

暖系淡彩自然乐园

4.1 玉兰花

三月的上海，正是玉兰花开得最好的时候。

扫码观看视频

【线稿颜色】

【案例用色参考】

素材图

案例图

4.1.1 玉兰花草图

▶【草图笔刷】

▶【草图重点】

玉兰花整体形状中间宽两头窄，中间花瓣聚拢，边缘花瓣张开，花瓣的间距和层次需要注意把控。

▶【草图步骤】

在草图图层，用“铅笔笔刷”选黑色来画草图。用直线和几何图形将花朵形状轮廓概括出来，从中间花瓣一点儿一点儿向外绘制。花朵绘制完成以后再绘制枝干和叶片。

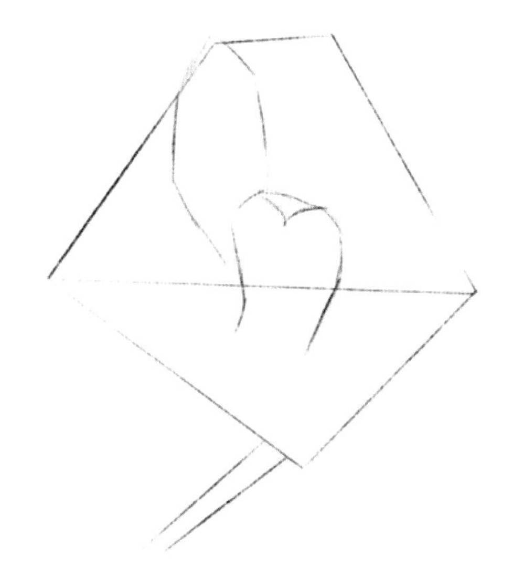

4.1.2 玉兰花线稿

▶【线稿笔刷】

V脸喵-钢笔-线稿

▶【线稿步骤】

01 将“草图图层”不透明度降低，“线稿图层”模式改为“正片叠底”。

02 在“线稿图层”用“钢笔笔刷”选色卡中的棕色来绘制线稿。花瓣比较多，可以先从中间聚拢的地方开始绘制，再绘制边缘的地方，方便调整整体形状。线稿绘制完成后需隐藏“草图图层”。

4.1.3 玉兰花上色

【上色笔刷】

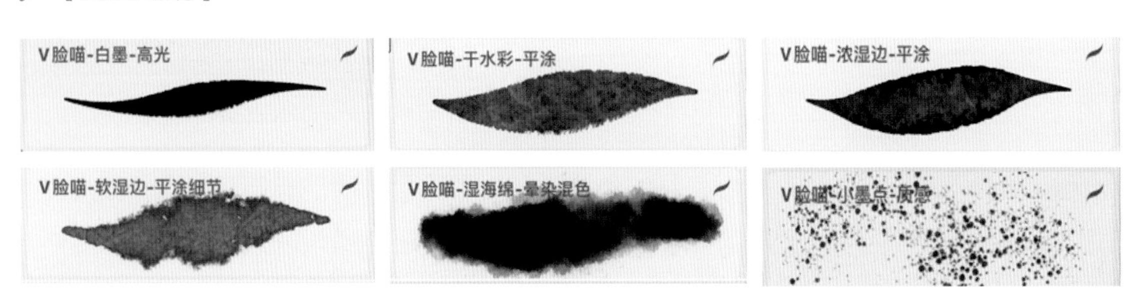

【涂抹工具 + 笔刷】

【橡皮工具 + 笔刷】

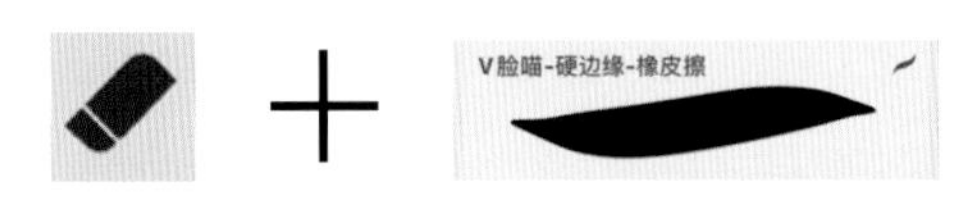

【图层用到功能】

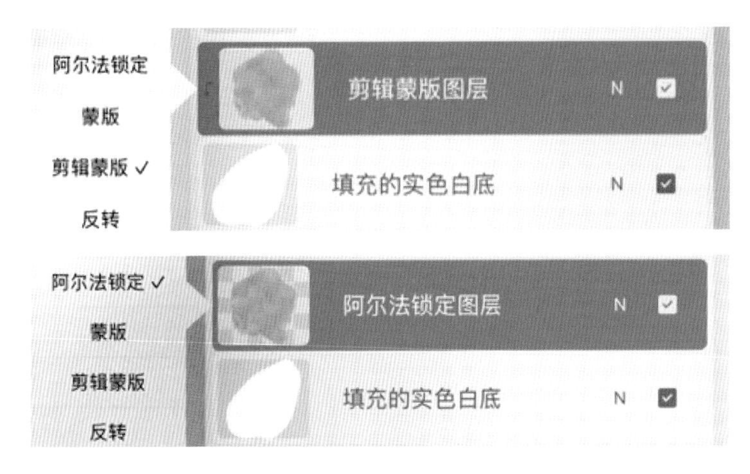

【上色重点】

玉兰花花瓣正面颜色深，反面颜色浅，上色时要注意这个特点。

【上色步骤】

01 在“线稿图层”下方新建一个图层，用“手绘”选取工具将花朵整体形状框选出来，填充白色实底，后续上色直接新建图层“剪辑蒙版”到花瓣白底，可以让颜色涂不到白底范围之外。

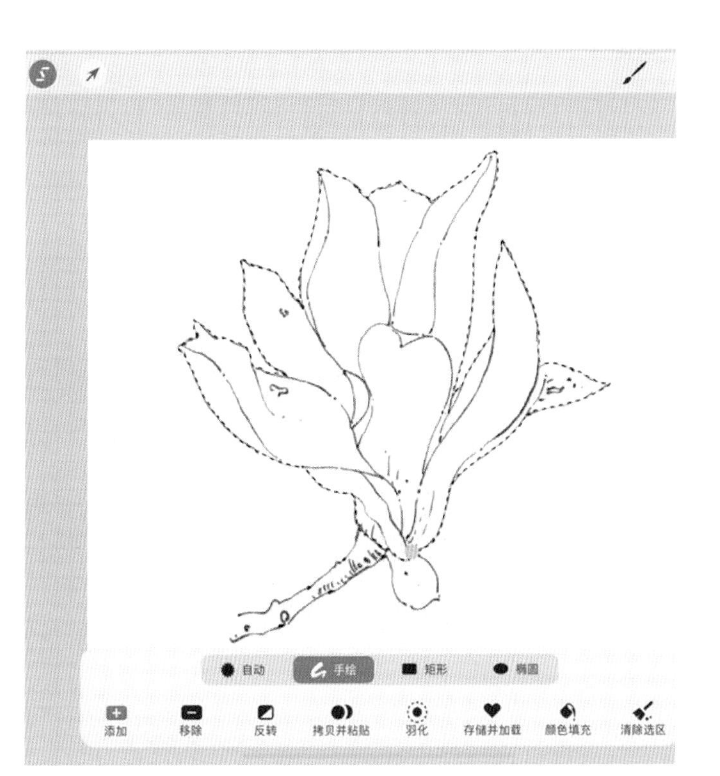

02 新建图层“剪辑蒙版”到白底，用“干水彩笔刷”选浅玫粉色，一笔平涂整个花瓣，再用“湿海绵笔刷”选浅黄色和浅蓝色晕染混色。

03 新建“正片叠底模式”图层“剪辑蒙版”，选玫粉色晕染加深花瓣暗面。

04 新建图层，用“干水彩笔刷”选玫粉色平涂色块加深花瓣正面，用“湿海绵笔刷”选浅玫粉色提亮花瓣外侧亮部，再将色块边缘用“涂抹工具”过渡柔和。

05 新建图层，用“浓湿边笔刷”选棕色平涂花朵枝干。线稿上方边缘可以留白一点儿。

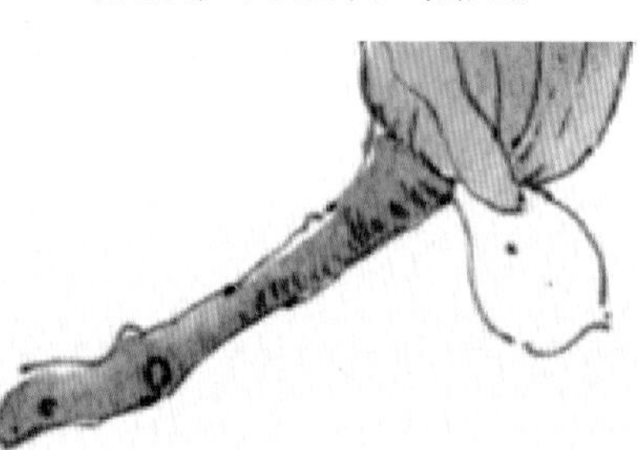

06 用嫩绿色平涂出叶子部分，用“湿海绵笔刷”选一点儿红棕色晕染枝干暗面，再选一点儿蓝绿色和玫粉色晕染叶子尖部。

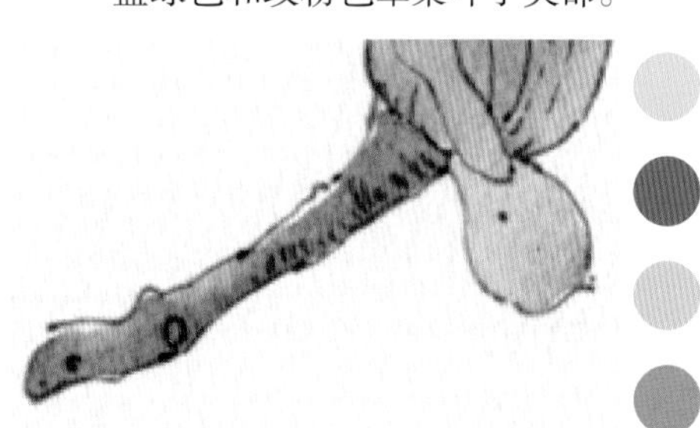

07 新建“正片叠底模式”图层“剪辑蒙版”到花朵白底。用“软湿边笔刷”选深玫粉色，平涂色块加深花瓣暗面位置，边缘用“涂抹工具”过渡柔和。

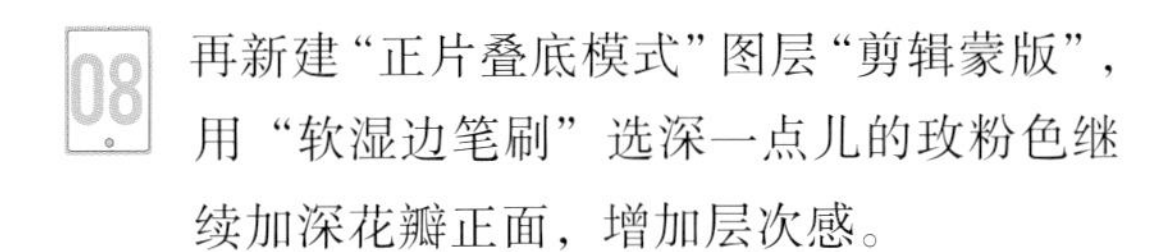

08 再新建“正片叠底模式”图层“剪辑蒙版”，用“软湿边笔刷”选深一点儿的玫粉色继续加深花瓣正面，增加层次感。

09 继续新建“正片叠底模式”图层“剪辑蒙版”，用“软湿边笔刷”选浅粉色加深花瓣反面投影，用细长的线条，根据花瓣的走向增加正面的纹理，再用橘棕色点涂花瓣干枯的部分，增加质感。

10 在枝干上方新建“正片叠底模式”图层，用“软湿边笔刷”选深棕色和绿色，加深枝干和叶子的投影。

11 在“线稿图层”下方新建一个图层，用来添加高光。用“白墨笔刷”选白色，给花瓣边缘加上细细的高光，再用“墨点笔刷”涂一点儿白墨点丰富画面。至此，玉兰花就绘制完成了。

4.2 银杏叶

扫码观看视频

上海的秋天，路边总会掉落很多泛黄的银杏叶，总喜欢捡几片好看的拍照。

4.2.1 银杏叶草图

【草图重点】

银杏叶整体形状简单，叶片为扇形，但叶子边缘是不规则的，绘制的时候需要注意处理这个细节。

【草图步骤】

在“草图图层”用“铅笔笔刷”选黑色绘制草图。叶子用简单的扇形概括，形状都要有区别，再用弧线细致刻画叶子的形状。

4.2.2 银杏叶线稿

【线稿步骤】

01 将“草图图层”不透明度降低，“线稿图层”模式改为“正片叠底”。

02 在“线稿图层”用“钢笔笔刷”选色卡中的棕色来绘制线稿。在绘制叶子弧形边缘的凹陷褶皱位置时，线条尽量粗细有变化，比如凹陷位置力度大一点儿，凸出位置力度小一点儿，线稿会更有节奏感。线稿完成后需隐藏“草图图层”。

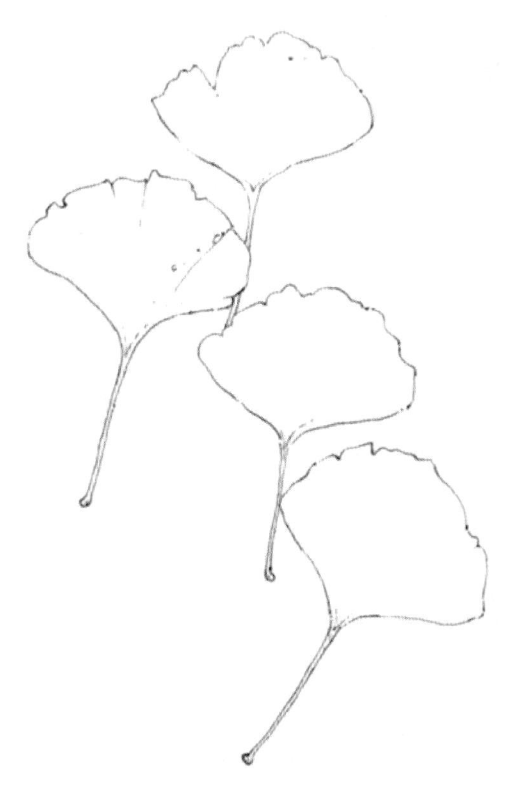

4.2.3 银杏叶上色

【上色重点】

银杏叶整体都是黄色的，细致观察还能看到些许绿色，所以上色时可以适当晕染混入一点儿绿色，以丰富整体色调。

【上色步骤】

01 在“线稿图层”下方新建图层，用“干水彩笔刷”选黄色，仔细平涂 4 片叶子，每片叶子尽量一笔平涂完成，减少颜色重叠，如有重叠可用“涂抹工具”过渡均匀。

02 将涂好的底色多复制几个图层，保留一个，其他几个复制图层合并为一层变成实色底，接着把合并层“阿尔法锁定”，填充白色，叶子的实色白底就完成了。

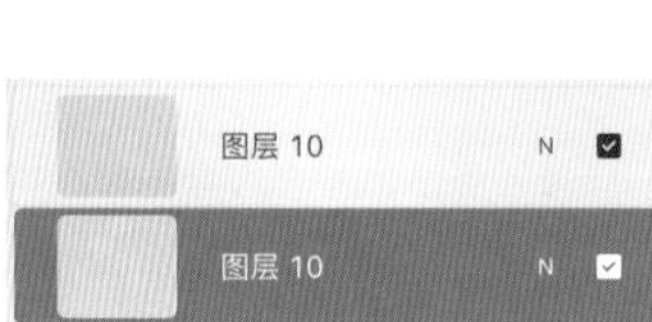

【提示】后续给叶子上色的新建图层都需剪辑蒙版到此白底图层，以免颜色涂出去。

03 新建图层“剪辑蒙版”到白底，用“湿海绵笔刷”选深一点儿的黄色晕染加深叶片，再选嫩绿色，把叶梗与叶片连接的位置晕染混色。

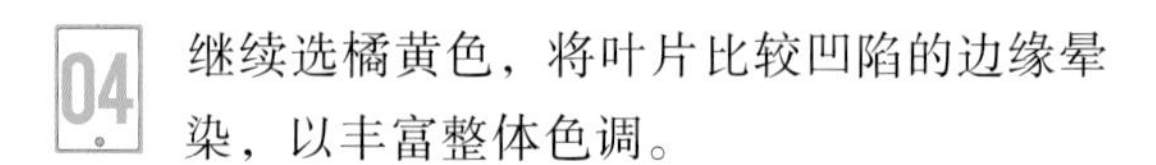

04 继续选橘黄色，将叶片比较凹陷的边缘晕染，以丰富整体色调。

05 新建“正片叠底模式”图层“剪辑蒙版”，用“软湿边笔刷”调小尺寸，吸取叶子黄色，从上往下用细小笔触把凹陷的纹路都画出来。

06 最下边的叶子，用黄绿色画出叶子的纹路，因为它整体色调中绿色会多一些。

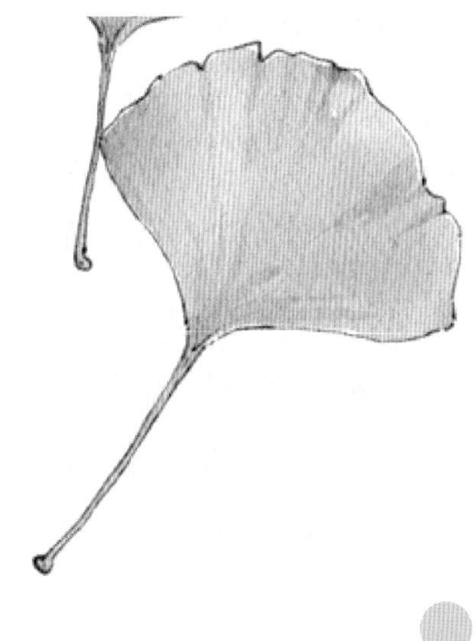

07 再新建“正片叠底模式”图层“剪辑蒙版”，选橘黄色加深上边三片叶子的暗面和部分纹理，最下面的叶子用比之前深的绿色加重纹理。

08 继续新建“正片叠底模式”图层，用小笔触选橘红色、橄榄绿以及绿色点涂小色块，增加叶子斑驳干枯的质感。

09

新建图层，用“干水彩笔刷”选灰紫色，根据叶子形状画出左边的投影。接着“阿尔法锁定”投影，用“湿海绵笔刷”吸取叶子的黄色，把靠近叶子底部的投影晕染混色，营造透光的感觉。

10

在“线稿图层”下方新建图层，用“白墨笔刷”选白色画高光，将叶子弧形边缘和纹路加上细细的高光。

11

用“小墨点笔刷”涂一些白墨点，增加整体质感。至此，银杏叶就绘制完成了。

4.3　多肉

种了三个月的多肉，刚开始还没花盆口大，现在叶片大了很多，也更好看了。

扫码观看视频

【线稿颜色】

【案例用色参考】

素材图

案例图

4.3.1 多肉草图

【草图重点】

多肉整体形状圆润，叶片多且层次很丰富，新手经常无从下手，其实用几何图形来辅助绘制会方便很多。

【草图步骤】

01 在“草图图层”用“铅笔笔刷”选黑色，画一个正圆概括多肉形状大小，中心最密集的地方用一个小圆概括出位置，然后从中间一点儿一点儿向外画。

02 可以把叶片的形状分别用不同的矩形概括，然后组合在一起画，概括出叶片的层次。

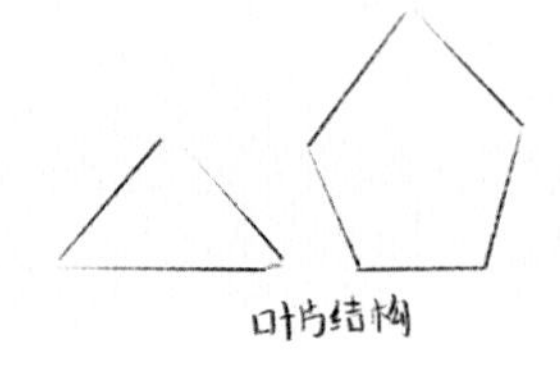

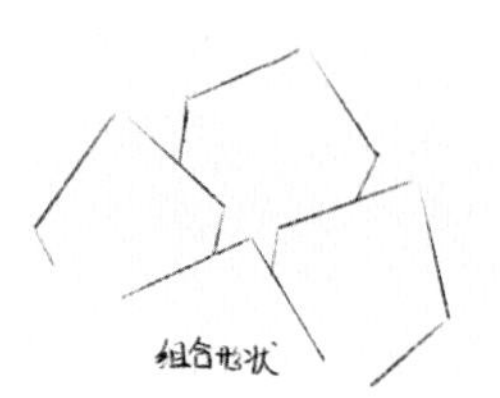

03 用弧线细致勾勒出每片叶子的形状，并突显叶片厚度。

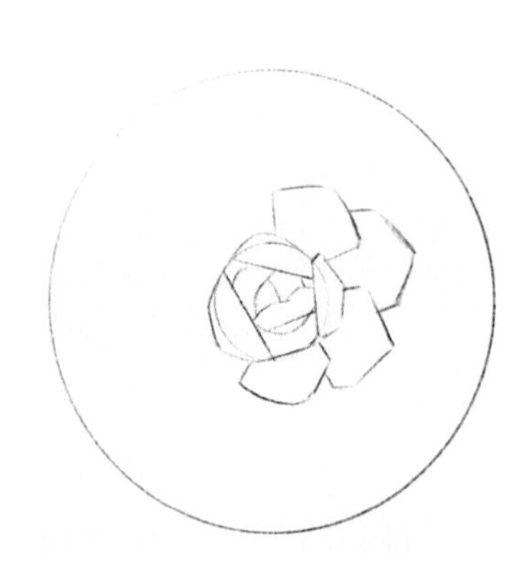

4.3.2 多肉线稿

01 将“草图图层”不透明度降低，“线稿图层”模式改为“正片叠底”。

02 在“线稿图层”用“钢笔笔刷”选色卡里的棕色来绘制线稿。绘制的时候先从多肉中间的叶子一点儿一点儿向外勾勒，注意多肉的叶片厚度可以适当地用小短线概括，线稿整体会更加有层次。线稿绘制完成后需隐藏“草图图层”。

4.3.3 多肉上色

【上色重点】

多肉叶片很多，且层次丰富，绘制的时候由浅到深逐步刻画，深浅变化明显，立体感和层次感才会表现出来。

【上色步骤】

01 在“线稿图层”下方新建一个图层，用“手绘”选取工具把多肉区域框选出来，填充白色实底方便上色（注意：后续给花瓣上色的新建图层都需剪辑蒙版到此白底图层，以免颜色涂到白底范围之外）。

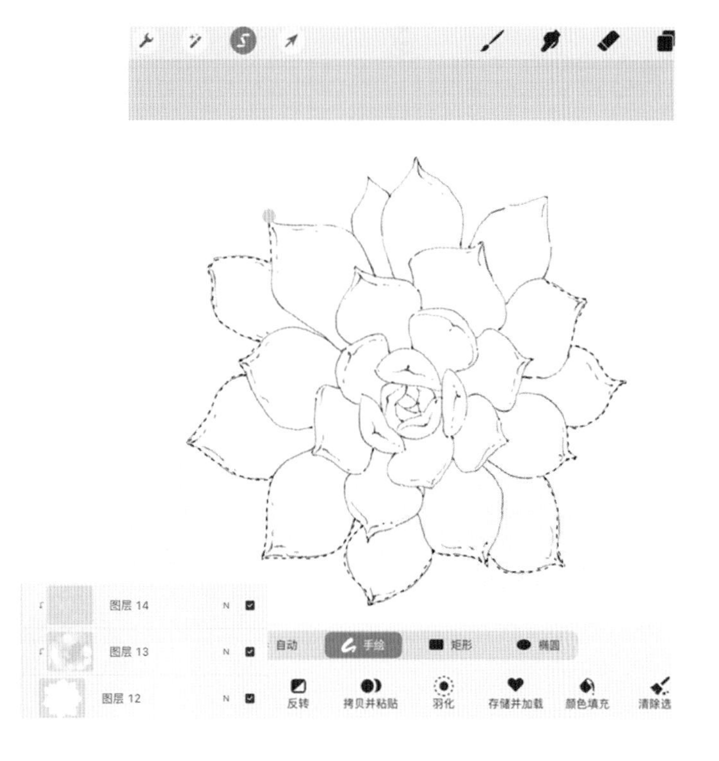

02 新建图层“剪辑蒙版”到白底，用“干水彩笔刷”选绿色，一笔平涂多肉。再用“湿海绵笔刷”选嫩绿色晕染提亮多肉边缘叶片。

03 接着选蓝绿色和浅蓝色，混色加深多肉。

04 新建图层“剪辑蒙版”，选粉色晕染每一片叶子的尖部。

05 新建“正片叠底模式”图层“剪辑蒙版”，用“软湿边笔刷”选绿色平涂色块，加深每一片叶子的投影，边缘的投影需降低笔刷透明度来画，这样投影才有深浅变化。

06 用“涂抹工具”过渡叶片部分投影边缘。

07 新建“正片叠底模式”图层“剪辑蒙版”，用“软湿边笔刷”选深一点儿的蓝绿色，从叶片中间向外加深投影，再用“涂抹工具”过渡色块部分边缘，使其变自然。

08 用“压力水彩笔刷”选浅绿色，把每片叶子的厚度投影表现出来，让多肉更加饱满立体。再用“软湿边笔刷”选深绿色，把叶片之间的深色投影加重，叶子尖部再选粉色加重，使整体颜色层次感更丰富。

09 用“白墨笔刷”选白色沿着多肉厚度边缘把高光点染出来，粗细要有变化才自然。

10 接着降低“白墨笔刷”透明度，把多肉有白霜的地方浅浅地铺一点儿高光，增加质感。再用“小墨点笔刷”涂一些白色墨点。至此，多肉绘制完成。

4.4 松塔花环

扫码观看视频

搬新家后，总觉得书桌墙壁很空，网购了一些松塔和棉花材料 DIY 了一个冬季感满满的花环，挂在家里作装饰，很温馨。

【线稿颜色】

【案例用色参考】

素材图

案例图

有关松塔花环草图、松塔花环线稿以及松塔花环上色的内容，请扫描右侧的二维码下载 PDF 文件进行学习。

第5章

暖系淡彩收藏时光

5.1 留声机

逛街时，在街边小店无意拍到的留声机，喇叭状的造型很特别，颜色也很古朴。

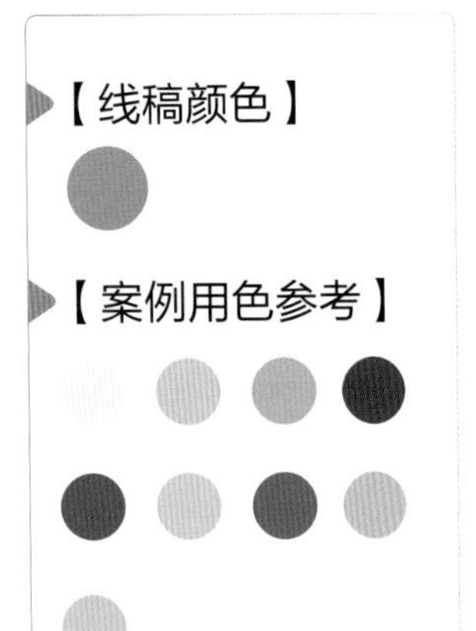

素材图

案例图

5.1.1 留声机草图

▶【草图笔刷】

▶【草图重点】

留声机的透视感较强，掌控好造型是难点，用几何图形去分析拆解结构更容易绘制，例如：喇叭轮廓可以看成椭圆，机身盒看成长方体。

▶【草图步骤】

01. 打开“绘图指引”里的“2D 网格”功能，把“网格尺寸”调到合适大小，辅助绘制草图造型更准。

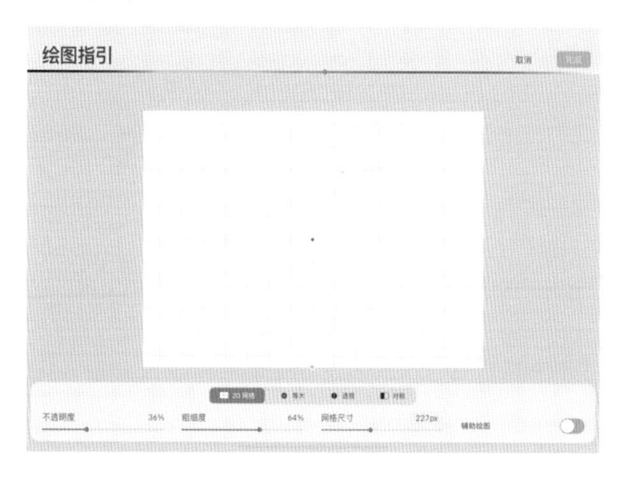

02. 在“草图图层”用“铅笔笔刷”选黑色画草图。用网格辅助定位宽高，用几何图形把整体比例和透视角度先刻画出来。

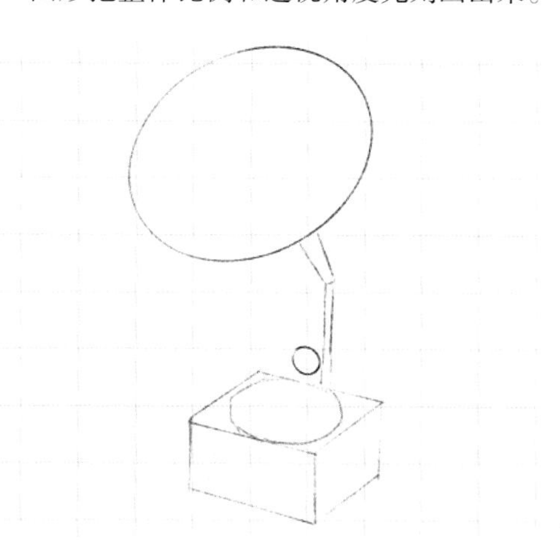

03. 丰富造型细节，机身盒的木头厚度细节也要细致刻画，草图绘制越细致，后续绘制线稿就会更快速，减少修改重画的次数。

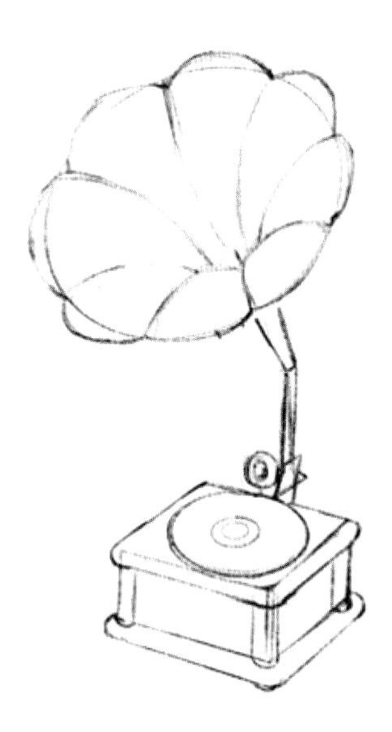

5.1.2 留声机线稿

【线稿笔刷】

【线稿步骤】

01 把“草图图层”不透明度降低，“线稿图层”模式改为“正片叠底”。

02 在“线稿图层”用“钢笔笔刷”选色卡里的棕色来绘制线稿，喇叭花瓣纹路和机身盒的厚度都需要用线稿刻画出来。

5.1.3 留声机上色

【上色笔刷】

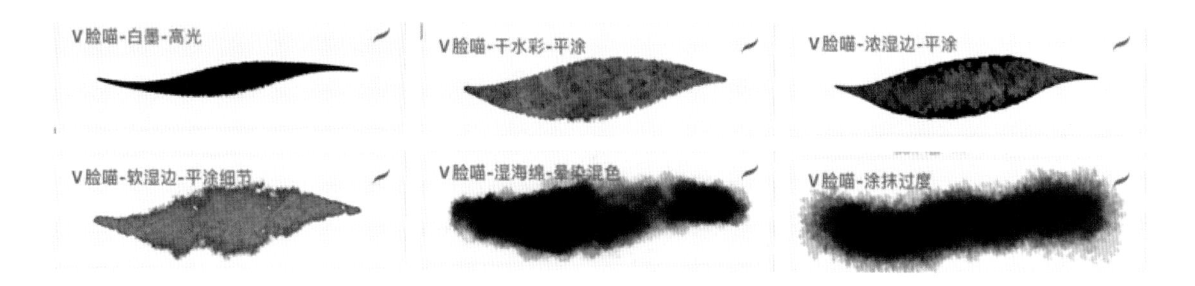

【涂抹工具 + 笔刷】

【橡皮工具 + 笔刷】

【图层用到功能】

【上色重点】

素材照片整体颜色比较灰暗，绘制的时候只参考照片造型、透视、明暗关系，用色可以自己调整，将整体颜色涂明亮鲜艳些会更好看。

【上色步骤】

01 在“线稿图层”下方新建一个图层，用“手绘”选取工具把留声机整体选取出来并填充白色实底，方便后续上色，让颜色涂不到线稿外。

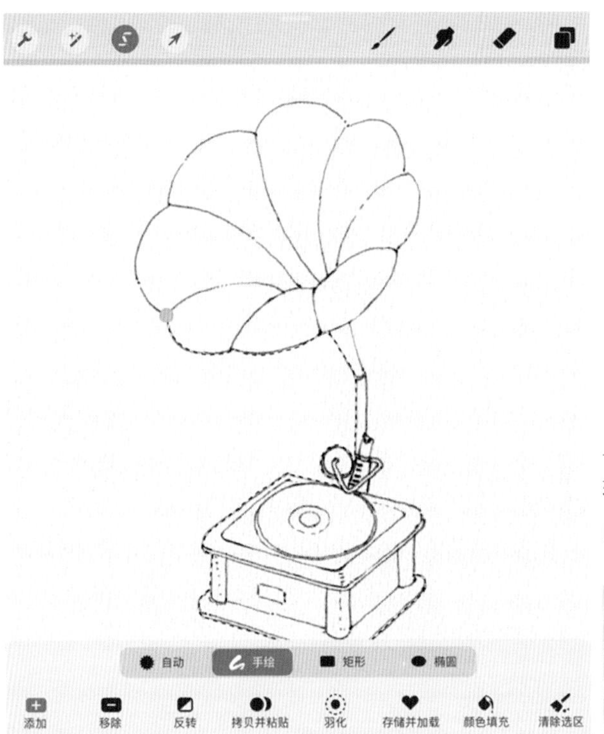

【提示】给留声机上色的新建图层都需剪辑蒙版到此白底图层，以免颜色涂出去。

02 新建图层“剪辑蒙版”到白底，用“干水彩笔刷”选米黄色一笔平涂喇叭区域，注意颜色不要涂到其他区域。

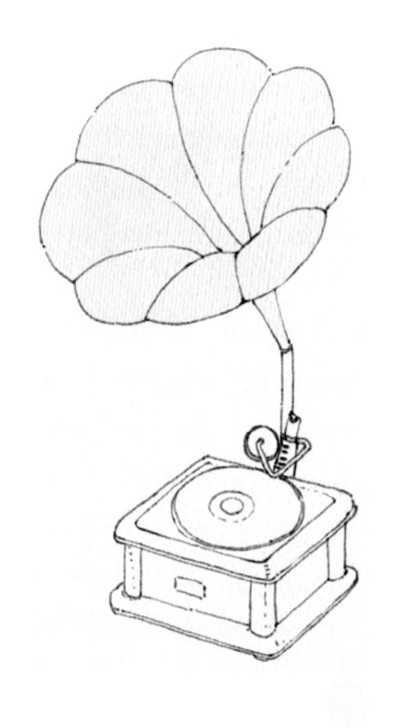

03 用“湿海绵笔刷”选土黄色晕染喇叭凹陷位置，鼓起来的地方选粉红色晕染。再用浅蓝色晕染喇叭左下角暗面，丰富整体色调。

04 新建“正片叠底模式”图层“剪辑蒙版”，用“软湿边笔刷”选土黄色，将喇叭凹陷褶皱位置加上投影色块。再选一个浅黄色，平涂色块加深花瓣凹陷位置。把笔刷调小，选橘粉色将喇叭中心以及边缘颜色加重一点，范围一定要比之前颜色加重的位置小，使层次感更丰富。

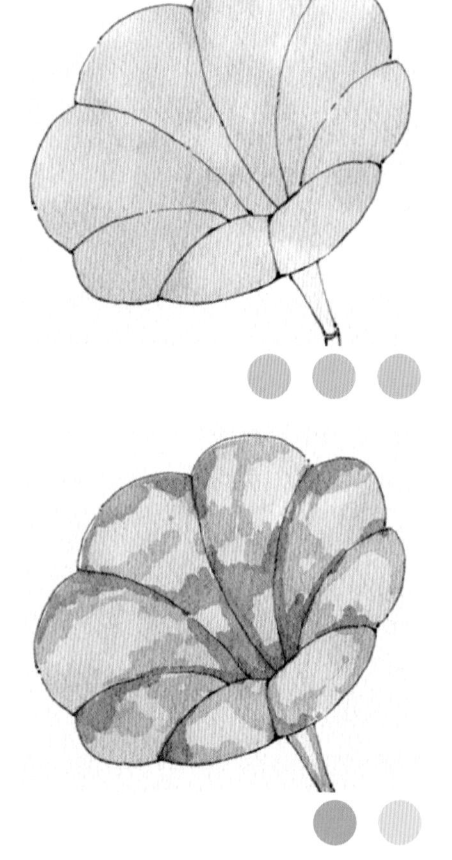

05 用“涂抹工具”过渡色块部分边缘，使整体更加柔和，记得保留一点笔触，可以增加水彩质感。一般过渡50%笔触边缘，保留50%笔触。

06 新建图层“剪辑蒙版”，用“干水彩笔刷”选灰紫色平涂枝干，再新建“正片叠底模式”图层“剪辑蒙版”，用同样的颜色加深躯干左边暗面。

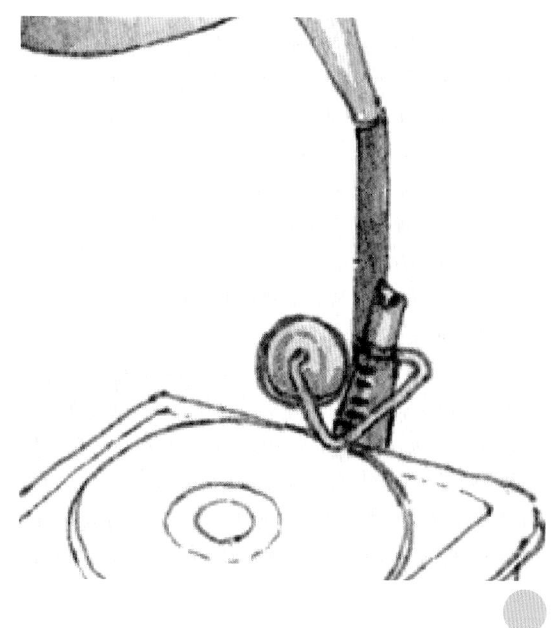

07 新建图层“剪辑蒙版”，用“干水彩笔刷”选浅红棕色平涂机身盒，唱片位置留白。接着用“湿海绵笔刷”选浅蓝色混入左边暗面，浅黄色提亮右边，丰富色调。

08 新建图层“剪辑蒙版”，用“浓湿边笔刷”选深灰蓝色平涂唱片，中间用红色平涂，再新建“正片叠底模式”图层，用同样的灰蓝色把唱片厚度以及投影表现出来。

09 新建“正片叠底模式”图层“剪辑蒙版”，用“软湿边笔刷”吸取盒身红棕色把唱片、盒身暗面加深。

10 再新建“正片叠底模式”图层“剪辑蒙版”，用深红棕色将凹陷位置投影加重，使盒身更立体。再吸取唱片颜色，给唱片加上投影。

11 在“线稿图层”下方新建图层用来加高光。喇叭鼓出来的地方反光不明显，选“白墨笔刷”后需降低40%笔刷不透明度，用白色加上浅浅的高光会更自然。

12 将“白墨笔刷”调到100%的不透明度，给机身盒边缘位置加上细碎的高光，注意高光有大有小看起来才更加自然。

5.2 信箱

路过一栋上海的老房子，拍到两只嵌在墙里的信箱，有锈迹也有刷墙时粘上的墙漆，朴素而有质感。

扫码观看视频

【线稿颜色】

【案例用色参考】

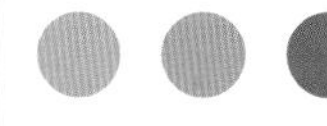

素材图

案例图

5.2.1 信箱草图

【草图重点】

素材角度是平视，透视变化少。整体造型都是以长方形构成，左边信箱窄小，宽度只有右边的1/2，绘制的时候需要注意尺寸比例。

【草图步骤】

01 打开“绘图指引”里的“2D 网格”，把“网格尺寸”调到合适大小，辅助绘制草图造型更精准。

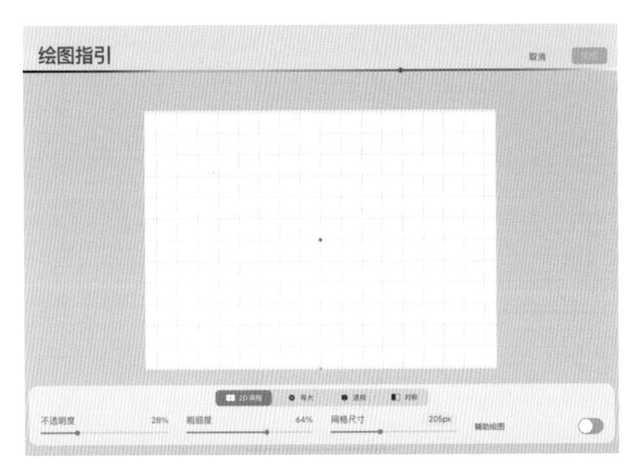

02 在“草图图层”用“铅笔笔刷”选黑色画草图。用两个长方形画出两个信箱的大小比例，再刻画里面的细节。

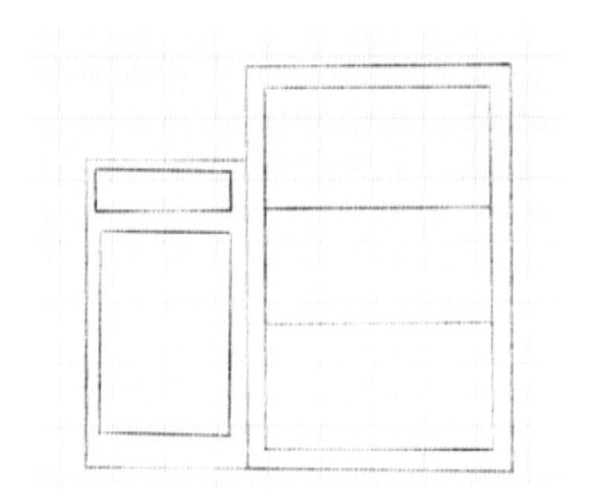

03 信箱的投递口和门锁特征都要画出来，注意右边信箱下边的格子是微微向前打开的，有前倾结构透视，草稿完成后关掉“2D 网格”。

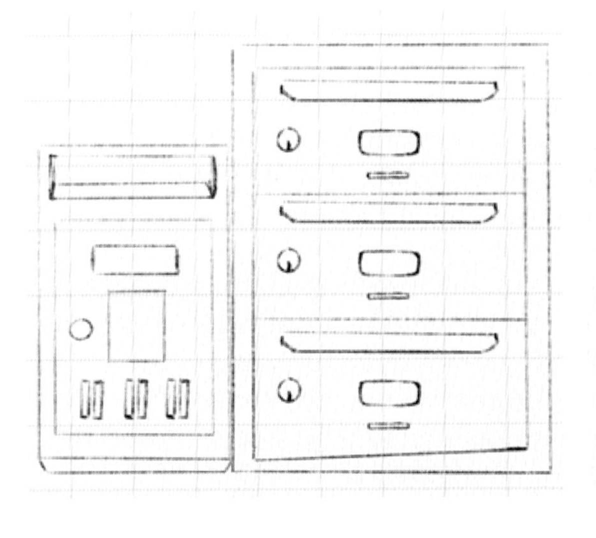

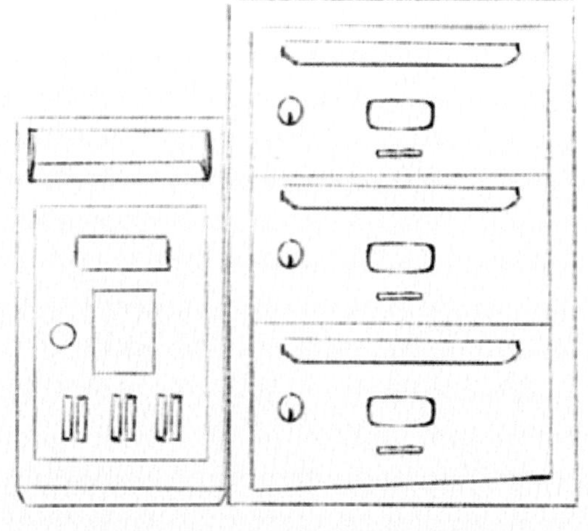

5.2.2 信箱线稿

【线稿步骤】

01 把“草图图层”不透明度降低，“线稿图层”模式改为“正片叠底”。

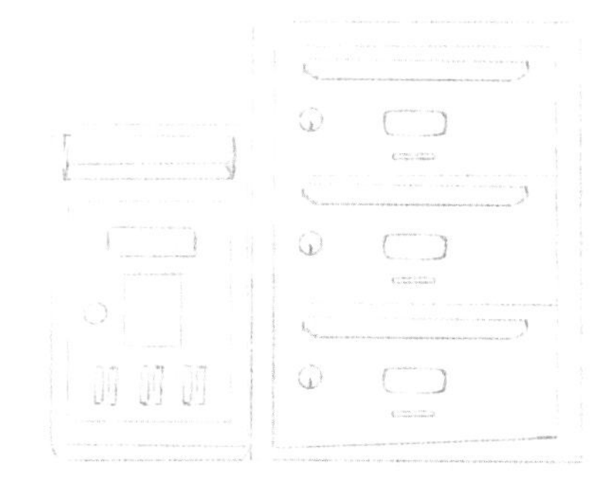

02 在“线稿图层”用“钢笔笔刷”选色卡里的棕色来绘制线稿。信箱整体造型比较硬和方，刻画的时候，线条尽量直些。但不建议刻画水平直线，会显得僵硬，手绘形式刻画直线更生动，信箱门和框之间的缝隙宽度细节也要画出来。线稿完成后需隐藏“草图图层”。

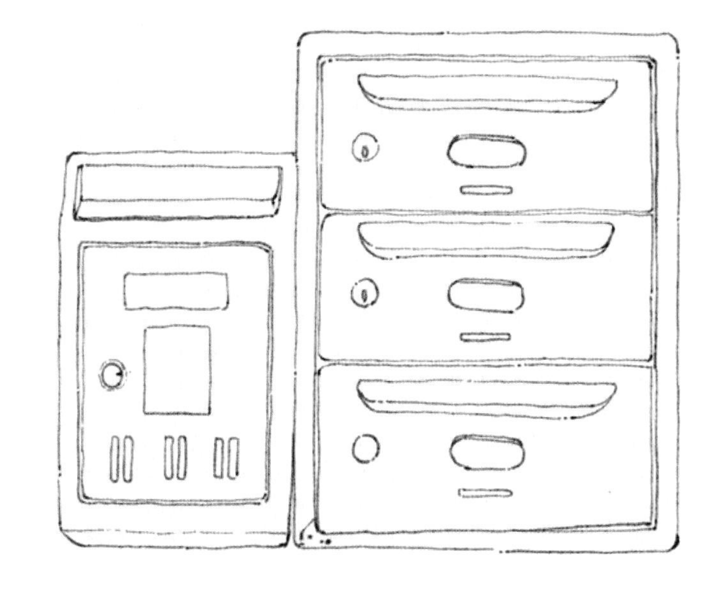

5.2.3 信箱上色

【上色重点】

两只信箱一只偏蓝绿色，一只偏军绿色，上色的时候色调要区分开才有差距感，同时表现出信箱的生锈质感也很重要。

【上色步骤】

01 在“线稿图层”下方，把左右两边信箱单独新建两个图层，用“手绘”选取工具将信箱单独框选并填充白色实底，方便后续在白底上方新建图层用“剪辑蒙版”功能上色，让颜色涂不到线稿外。

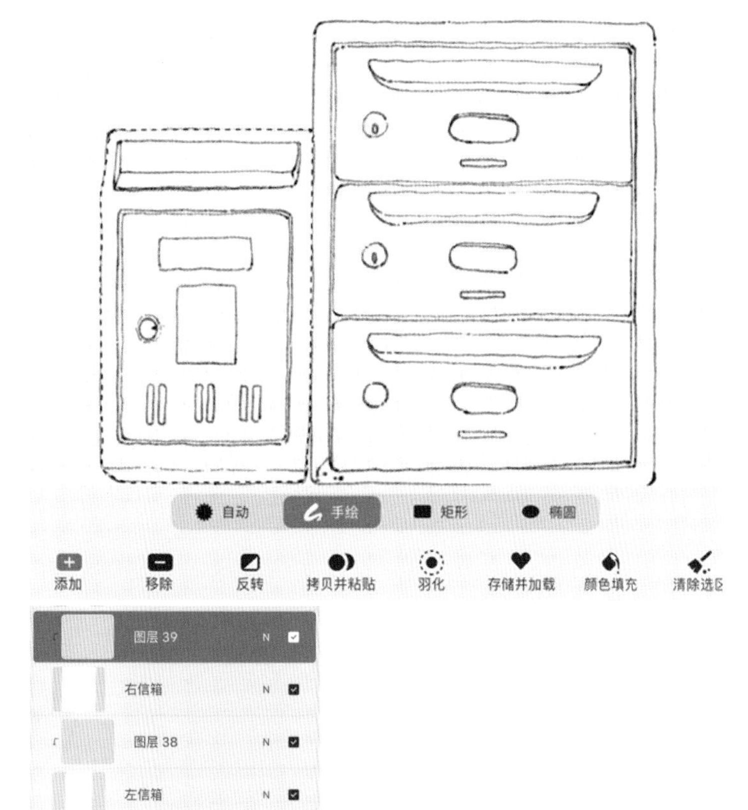

02 在左信箱白底上方新建图层“剪辑蒙版”，用“干水彩笔刷”选偏灰的蓝绿色一笔平涂信箱。用“湿海绵笔刷”选浅蓝色晕染信箱，再选浅粉色晕染信箱左上角和右下角，把信箱口、锁孔、标签处留白。

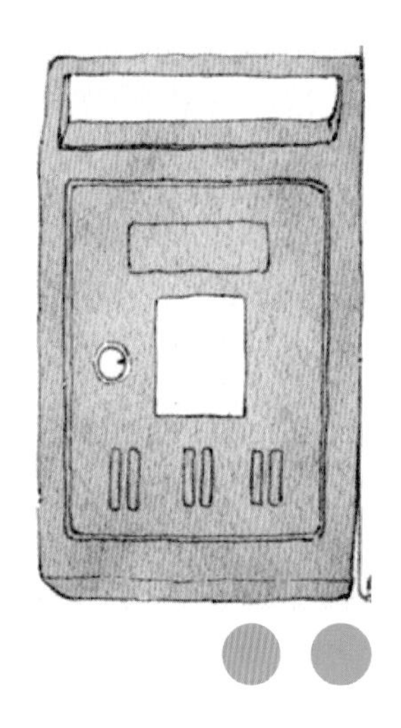

03 继续用“干水彩笔刷”选米黄色，把信件和标签平涂，选深一点的米黄色，把信件和标签投影加深，再选褐色，给锁孔上色。

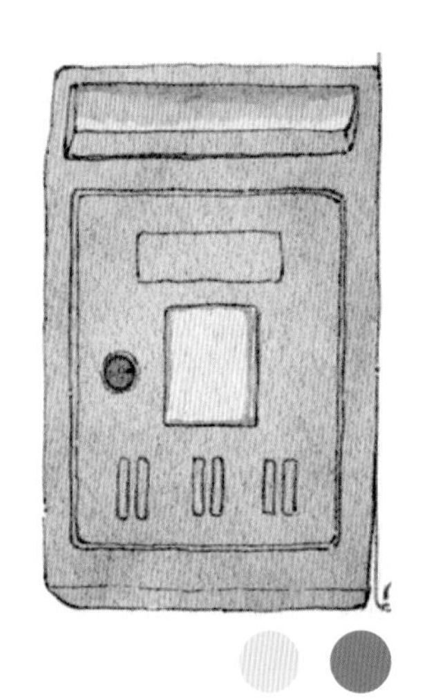

04 新建“正片叠底模式”图层“剪辑蒙版”，吸取之前的蓝绿色，加深信箱投影以及缝隙。

05 在右边信箱白底上方新建图层“剪辑蒙版”，用“干水彩笔刷”选浅军绿色一笔平涂，再用“湿海绵笔刷”选米黄色和浅蓝色晕染信箱，丰富色调。

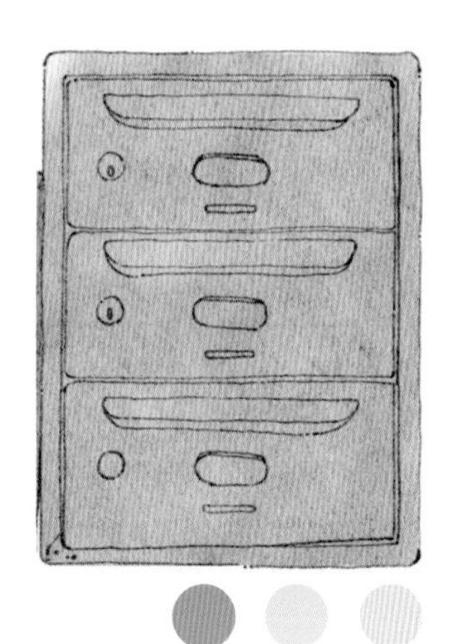

06 信箱口和左上角选浅黄绿色平涂提亮。再把边缘用“涂抹工具”过渡均匀。用“白墨笔刷”将信箱孔和锁孔用白色涂出来，再选米黄色和褐色平涂上色。

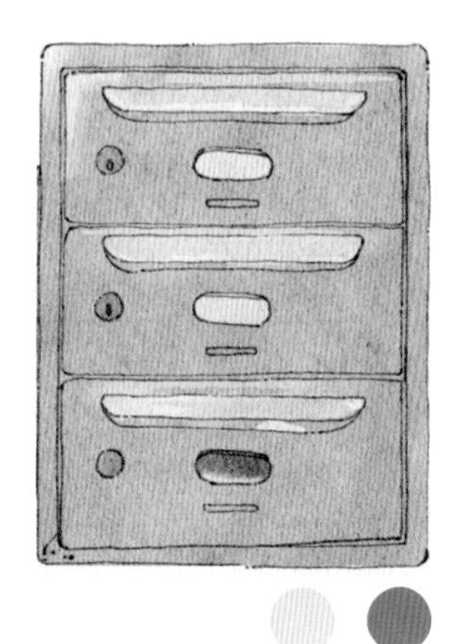

07 新建“正片叠底模式”图层，用“干水彩笔刷”选和底色一样的军绿色，将信箱缝隙投影都画出来，信箱口要选更深一点的绿色加重，最后再选深一点的米黄色晕染出信件投影。

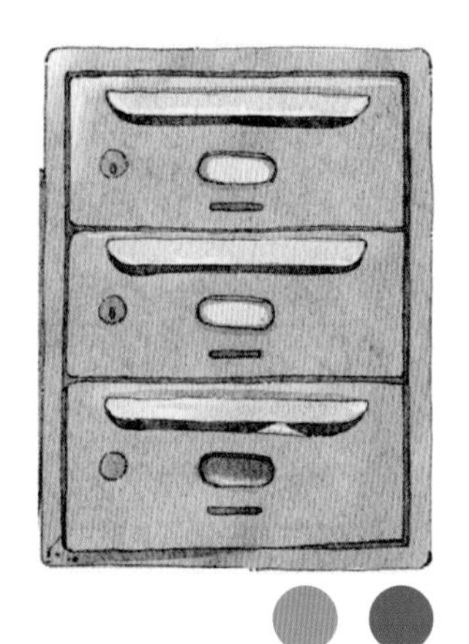

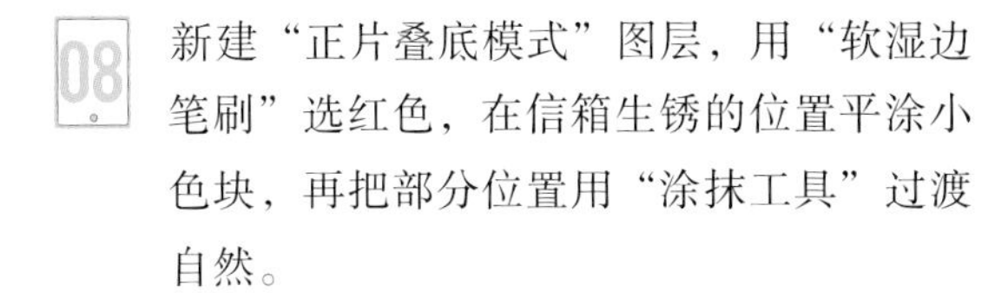

08 新建“正片叠底模式”图层，用“软湿边笔刷”选红色，在信箱生锈的位置平涂小色块，再把部分位置用“涂抹工具”过渡自然。

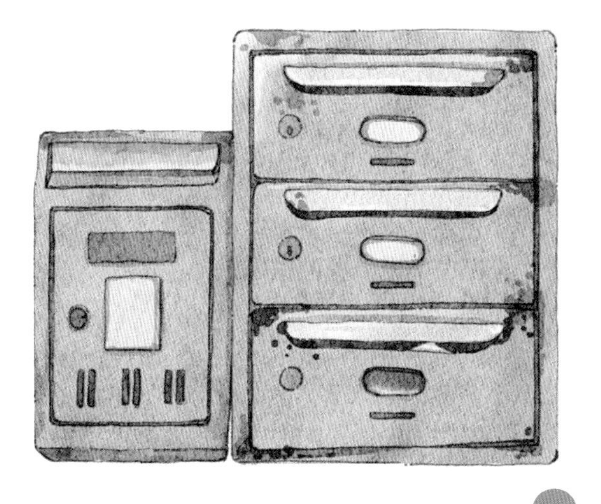

09 继续新建“正片叠底模式”图层。用深绿色加重整个信箱的投影，加深的范围要小于之前投影，再用“干水彩笔刷”选棕色，给信箱加上字。

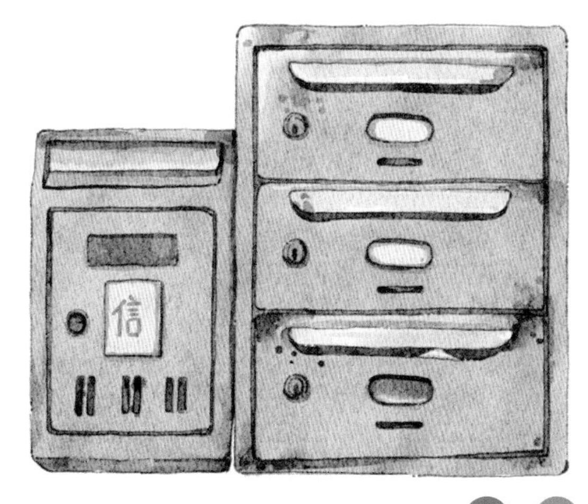

10 在“线稿图层”下方新建图层，用“白墨笔刷”选白色给信箱的边框加上高光。

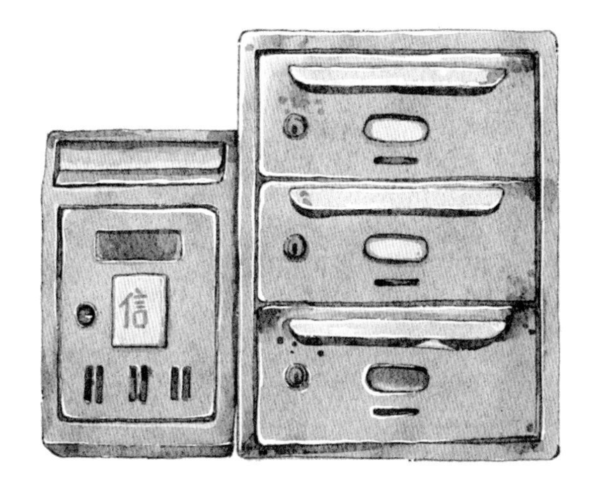

11 在刷墙时粘到信箱上的墙漆，用小笔触点涂出来，笔触要大小不一。再在墙漆图层下方新建“正片叠底模式”图层，选深绿色给墙漆加上投影，最后再用“小墨点笔刷”涂些白墨点增加质感，完成上色。

第6章 暖系淡彩下午茶

6.1　芒果芝士奶茶

扫码观看视频

忙碌的下午，来一杯用料超足的芒果味奶茶，感觉快乐又回来了。

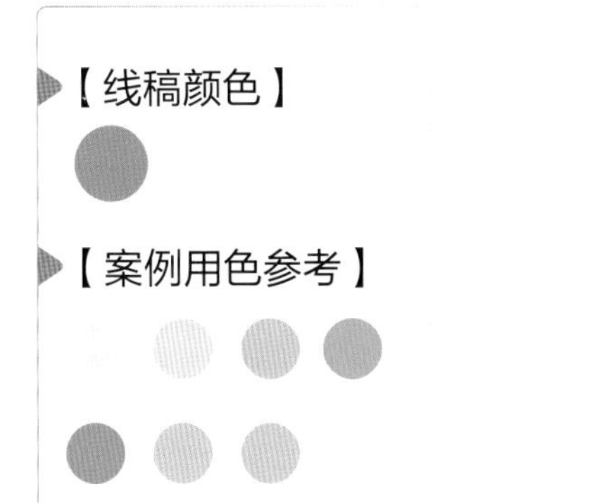

素材图

案例图

6.1.1 芒果芝士奶茶草图

【草图笔刷】 V脸喵-铅笔-草图

【草图重点】

奶茶杯子整体上宽下窄，且杯身很长。角度是比较平视的，所以杯口和杯底的弧度不是很大。

【草图步骤】

01 打开“绘图指引”里的“2D 网格”功能，把“网格尺寸”调到合适大小，辅助绘制草图造型更精准。

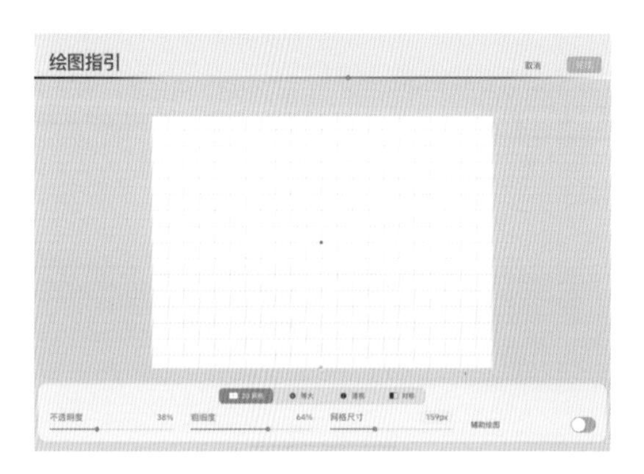

02 在“草图图层”用“铅笔笔刷”选黑色绘制草图。利用网格勾勒出对称几何图形，把杯身和杯盖概括出来。

03 用弧线刻画出杯底和杯盖角度。草稿完成后关掉“2D 网格”。

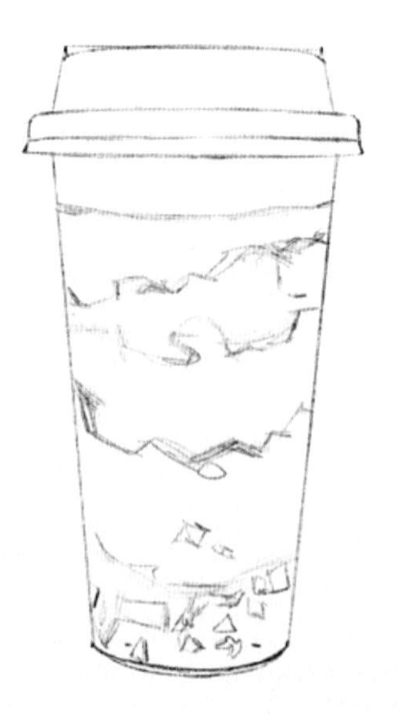

6.1.2 芒果芝士奶茶线稿

【线稿笔刷】

【线稿步骤】

01 把“草图图层”不透明度降低，“线稿图层”模式改为“正片叠底”。

02 在“线稿图层”用“钢笔笔刷”选色卡里的棕色来绘制线稿。注意，杯子里的果肉形状不明显，画的时候用短虚线刻画更生动自然。线稿完成后需隐藏“草图图层”。

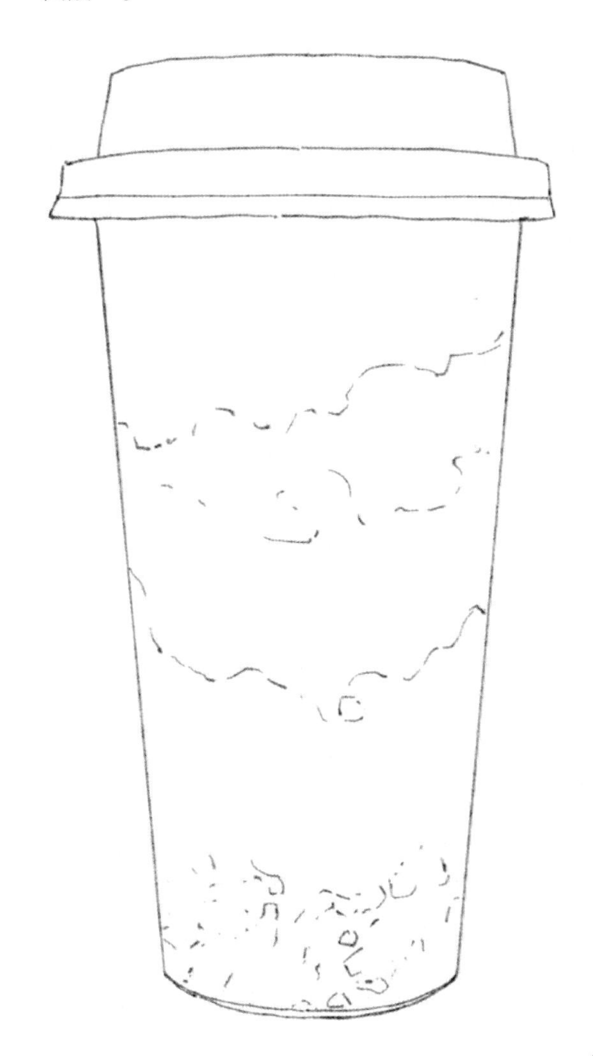

6.1.3 芒果芝士奶茶上色

【上色笔刷】

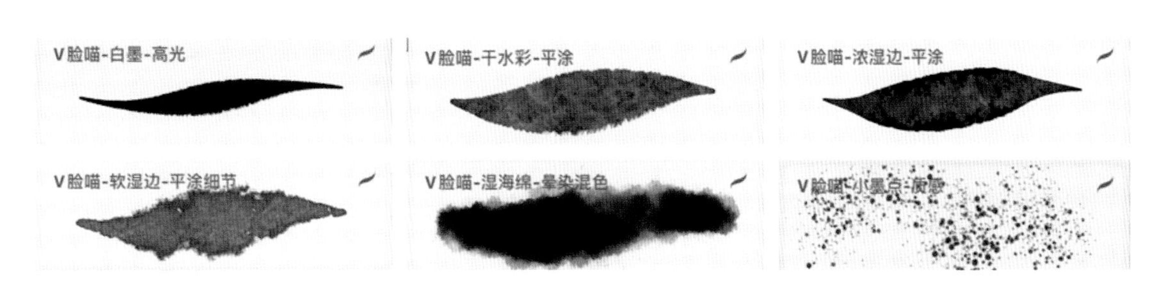

【涂抹工具 + 笔刷】

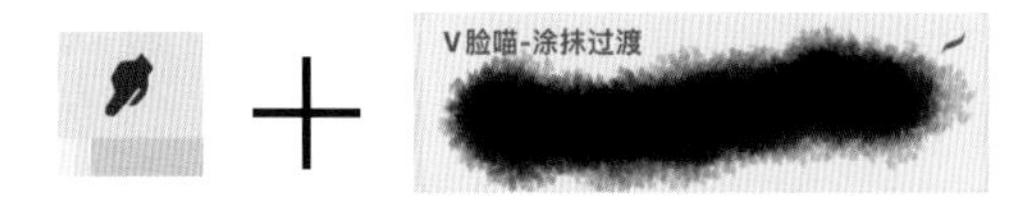

【橡皮工具 + 笔刷】

【图层用到功能】

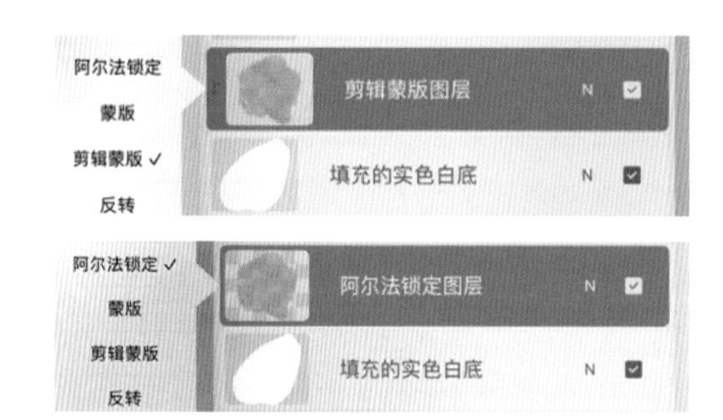

【上色重点】

整体以黄色为主，如何让颜色丰富又有层次感，需要注意色相变化，比如深色部分用橘黄色，黄色偏红些。

【上色步骤】

01 在“线稿图层”下方新建两个图层，分别把奶茶杯身以及盖子用“手绘”选取工具选取出来并填充白底，方便后续在白底上方新建图层用“剪辑蒙版”功能上色，使颜色涂不到线稿外。

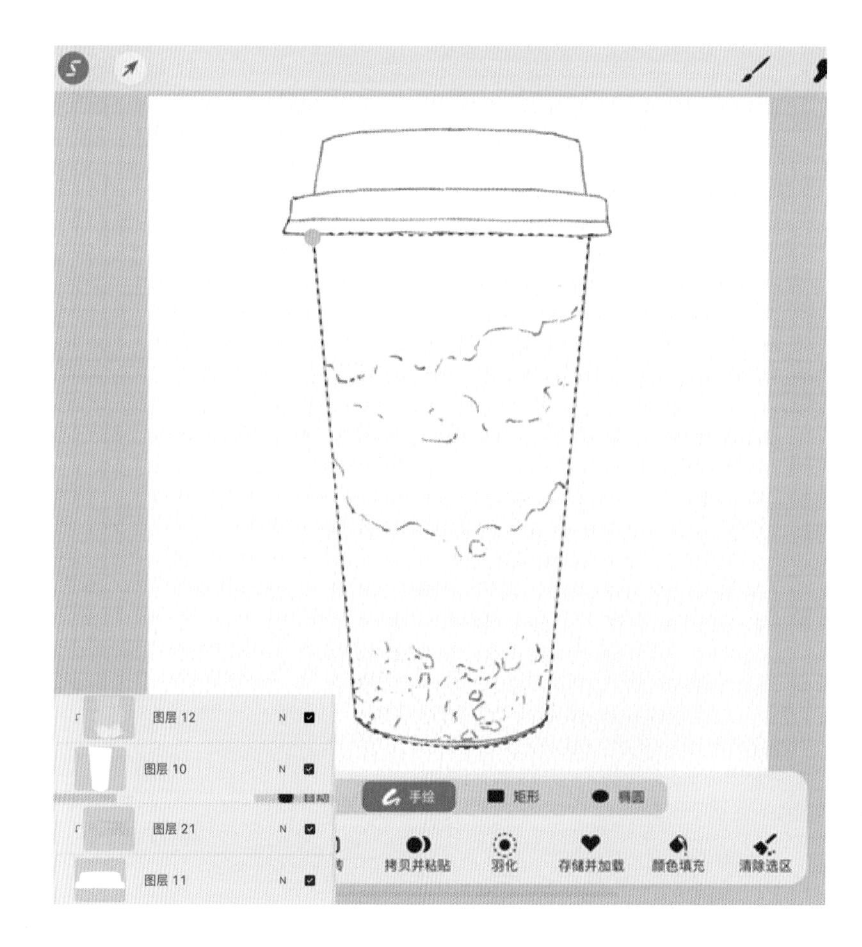

02 在杯身白底上方新建图层“剪辑蒙版”，用“干水彩笔刷”选浅黄色平涂奶茶黄色的区域，边缘用“涂抹工具”过渡柔和。

03 新建图层“剪辑蒙版”，用“湿海绵笔刷”选深点的黄色，将奶茶暗面加深，明暗交界线用橘黄色加重。左边是亮面，所以颜色要比右边浅。记得将杯盖区域留出来。

04 新建图层“剪辑蒙版”，用“干水彩笔刷”选橘黄色，将奶茶的芒果肉平涂出来，再用“涂抹工具”将色块部分边缘涂抹过渡自然。杯盖用浅浅的米黄色平涂即可，中间区域颜色需要深一点。

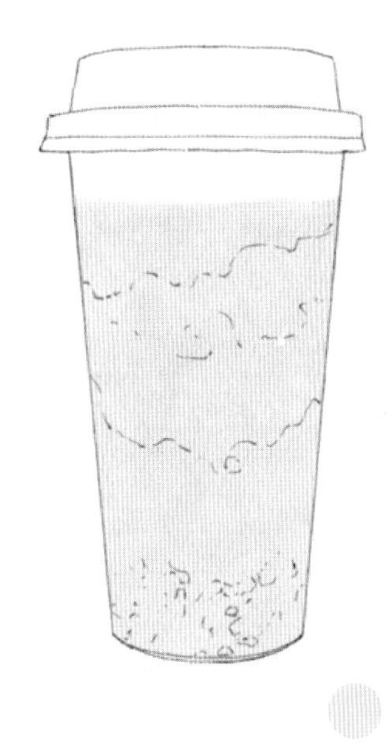

05 新建“正片叠底模式”图层，用“软湿边笔刷”选橘黄色平涂色块，加重芒果肉的位置，用“涂抹工具”过渡部分边缘。再用“大墨点笔刷”点染加深奶茶。

06 新建图层“剪辑蒙版”，用“软湿边笔刷”选浅米色，把颜色比较浅的区域平涂出来，并用“涂抹工具”过渡部分边缘。

07

08

09

10

6.2　西柚气泡水

尝试用西柚和无糖汽水制作一款简单的气泡水冰饮。满满的果肉和超大片西柚，味道很清新，是夏日必备饮品。

【线稿颜色】

【案例用色参考】

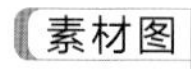

案例图

6.2.1 西柚气泡水草图

【草图重点】

原本杯子上下宽度一致，因从微俯视角度拍摄，所以杯子上宽下窄，杯口呈椭圆形，里面的西柚片也跟着杯子形状变化，绘制的时候需要注意透视关系。

【草图步骤】

01 打开“绘图指引”里的“2D 网格”功能，把“网格尺寸”调到合适大小，辅助绘制草图造型更精准。

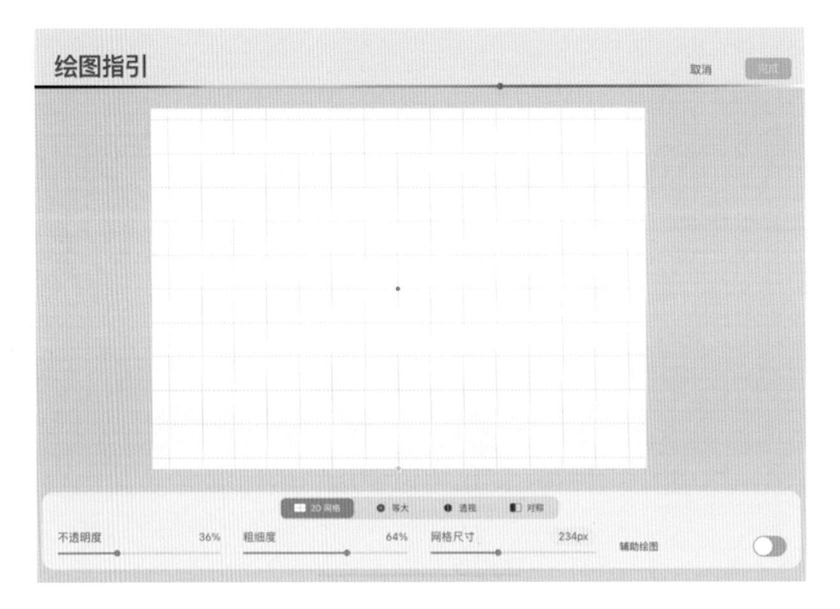

02 在“草图图层”用“铅笔笔刷”选黑色画草图。利用网格定点出杯子宽高，再用直线和椭圆画出透视关系。

03 用弧线丰富细节，并添加植物元素。草稿完成后关掉“2D 网格”。

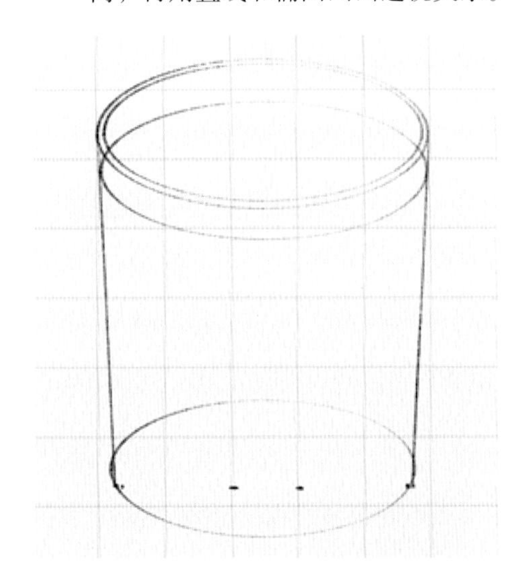

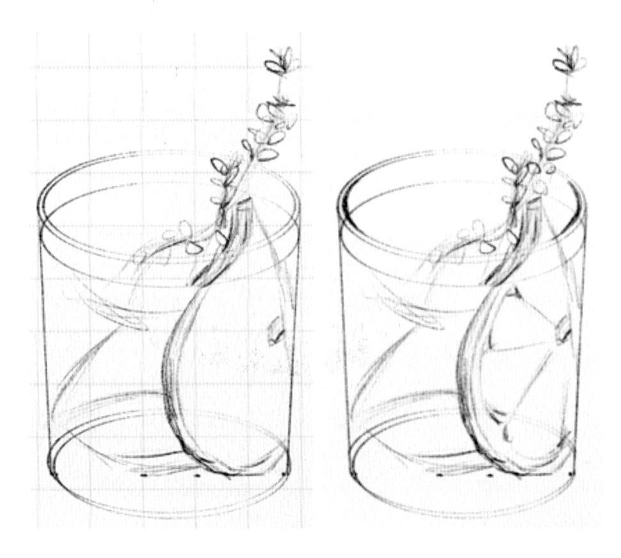

6.2.2 西柚气泡水线稿

【线稿步骤】

01 将“草图图层”不透明度降低，“线稿图层”模式改为“正片叠底”。

02 在“线稿图层”用“钢笔笔刷”选色卡里的棕色来绘制线稿。画的时候注意冰块、水里的百里香和西柚用短虚线刻画，冷饮表面有水汽，所以轮廓不明显，实线画会显生硬。线稿完成后需隐藏“草图图层”。

6.2.3 西柚气泡水上色

【上色重点】

冰块颜色受西柚颜色影响，色调需偏红，果肉颜色深浅变化要明显才有层次感，了解气泡的表现手法。

【上色步骤】

01 在“线稿图层”下方分别新建两个图层，用“手绘”选取工具将百里香和杯子分别填充白底，方便后续在白底上方新建图层用“剪辑蒙版”功能上色，使颜色涂不到线稿外。

02 新建图层“剪辑蒙版”到百里香白底，用“干水彩笔刷”选绿色平涂。“复制”一层加深颜色，再用“橡皮擦工具”将浅色叶子擦出来，用“湿海绵笔刷”选浅粉色将叶子尖部混色。

03 新建图层“剪辑蒙版”到杯子白底，用“干水彩笔刷”选橘黄色平涂西柚表皮，选西柚色平涂果肉，再用“涂抹工具”把边缘过渡柔和。

04 新建“正片叠底模式”图层“剪辑蒙版”，吸取果肉颜色，用“软湿边笔刷”以小笔触的形式画出果肉一粒粒的质感。

05 新建图层“剪辑蒙版”，用“软湿边笔刷”平涂色块，将杯底果肉和表面冰块边缘加深，再用“涂抹工具”将边缘过渡柔和。

06 新建“正片叠底模式”图层“剪辑蒙版”，用“湿海绵笔刷”选红一点的西柚色，晕染加深底部。浅色的地方可以降低笔刷不透明度晕染。再选橘黄色混入饮品中间，浅玫粉色晕染左侧边缘。

07 新建“正片叠底模式”图层“剪辑蒙版”，用“软湿边笔刷”选红一点的西柚色，将杯底的果肉颜色加深，冰块边缘用浅一点的西柚色把暗面加重，再混入一点浅蓝色和浅紫色在冰块上，丰富色调。

08 新建图层“剪辑蒙版”，用“软湿边笔刷”吸取植物的绿色，将泡水里的百里香涂出来，再用“涂抹工具”过渡边缘。用“白墨笔刷”选白色将杯底玻璃涂出来，“阿尔法锁定”图层，再用“湿海绵笔刷”混入一些灰蓝色和西柚色。而在冰块表面和玻璃杯口，混入一些浅蓝色以及浅粉色。

09 新建图层“剪辑蒙版”，用“干水彩笔刷”选橘黄色加深西柚表皮，再用白色，以“C”的形式把小气泡刻画出来，玻璃杯口厚度用灰蓝色和灰一点的西柚色加深。新建“正片叠底模式”图层“剪辑蒙版”，选深红色把气泡暗面画出来，选西柚色加深杯口和汽水高度边缘。

10 在“线稿图层”下方新建图层，用“白墨笔刷”选白色，将饮料的高光都画出来。再用“压力水彩笔刷”选白色，将玻璃杯中间的高光和两边的高光都表现出来，增加玻璃的通透质感。至此，西柚气泡水绘制完成。

6.3 牛油果奶昔

口感丝滑的牛油果奶昔，搭配奶油雪顶，一款颜值清新的下午茶。

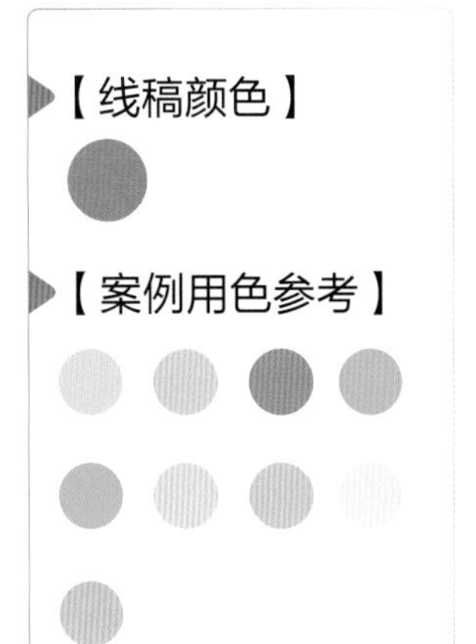

案例图

6.3.1 牛油果奶昔草图

【草图重点】

杯子整体造型上窄下宽，且杯底圆润，微俯视的角度，杯口为椭圆形，饮品的奶油雪顶可以用三角形来概括。

【草图步骤】

01 打开“绘图指引”里的“2D 网格”功能，将“网格尺寸”调到合适大小，辅助绘制草图造型更精准。

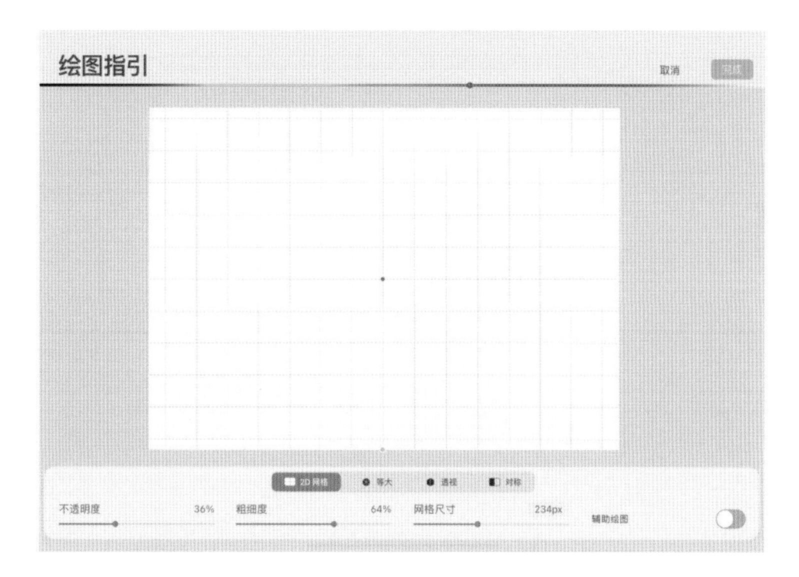

02 在“草图图层”用“铅笔笔刷”选黑色绘制草图。用网格辅助定位宽高，用直线和弧线刻画出杯子和雪顶位置。杯子左右角度要一致，可以完成一边后复制一份，水平翻转放在另一边，这样角度都一样。

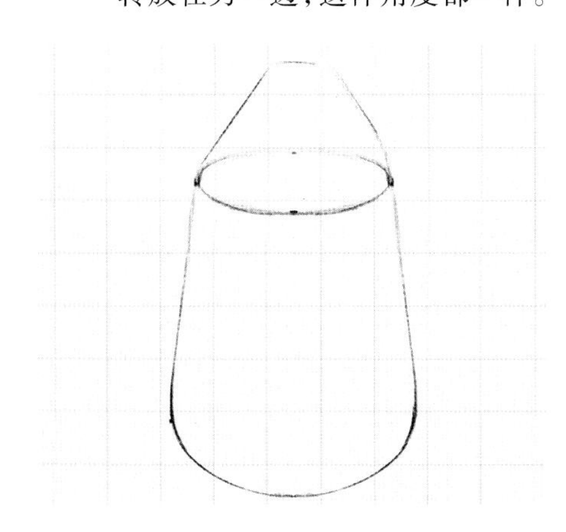

03 刻画里面细节和装饰，可以用红色来涂饮品里面细节，这样能更好地区分后续画的线稿。草稿完成后关掉“2D 网格”。

6.3.2 牛油果奶昔线稿

【线稿步骤】

01 将“草图图层”不透明度降低，“线稿图层”模式改为“正片叠底”。

02 在“线稿图层”用“钢笔笔刷”选色卡里的棕色来绘制线稿。先勾勒出奶昔大轮廓，再细致刻画里面的细节。形状不明显的牛油果泥，可以用短虚线来概括，有弱化形状的效果。线稿完成后需隐藏“草图图层”。

6.3.3 牛油果奶昔上色

【上色重点】

奶油一层一层的立体感需要深浅变化明显才能突出，绘制的时候需着重处理。

【上色步骤】

01 在“线稿图层”下方新建三个图层，分别用“手绘”选取工具把杯子、薄荷叶以及饼干框选出来并填充白色实底，方便后续用“剪辑蒙版”功能上色，使颜色涂不到线稿外。

02

在饼干白底上方新建图层“剪辑蒙版”，用“干水彩笔刷”选浅黄色和绿色平涂饼干。再新建“正片叠底模式”图层“剪辑蒙版”，用“软湿边笔刷”选灰绿色和浅绿色加深投影，使饼干有立体感。

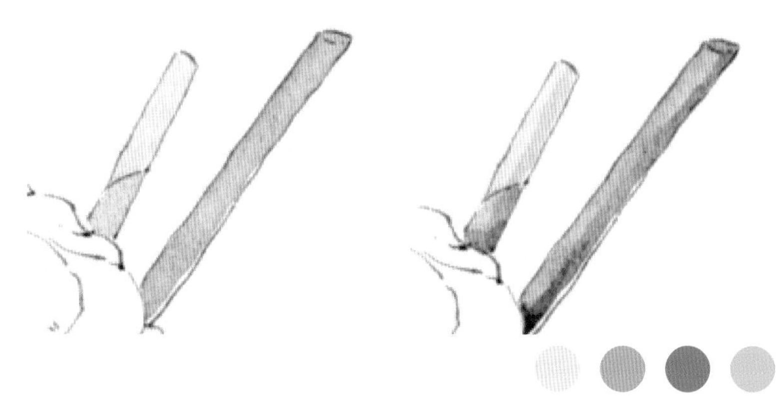

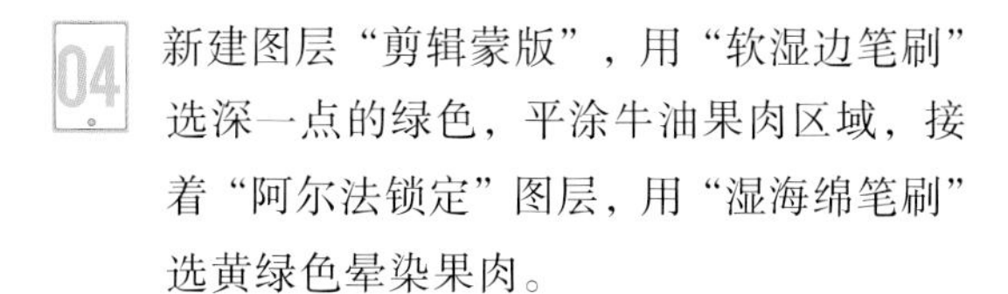

03

在杯子白底上方新建图层“剪辑蒙版”，用“干水彩笔刷”选嫩绿色平涂底部牛油果奶昔，降低笔刷一半透明度，再涂上部分奶昔，注意每一层之间边缘用“涂抹工具”过渡柔和。用“湿海绵笔刷”选浅米色晕染奶油区域，选浅蓝色晕染底部两边。

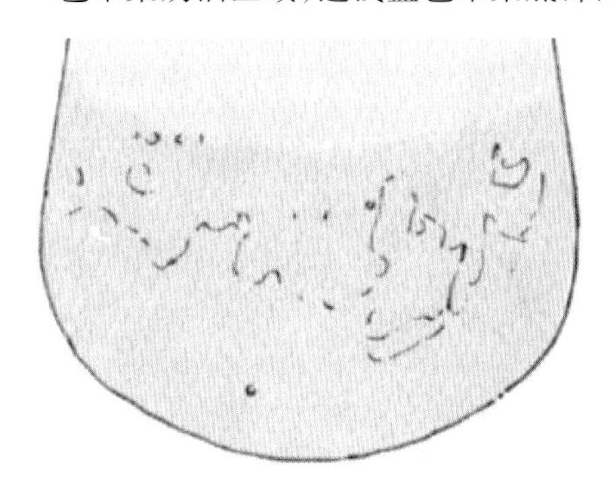

04

新建图层“剪辑蒙版”，用“软湿边笔刷”选深一点的绿色，平涂牛油果肉区域，接着“阿尔法锁定”图层，用“湿海绵笔刷”选黄绿色晕染果肉。

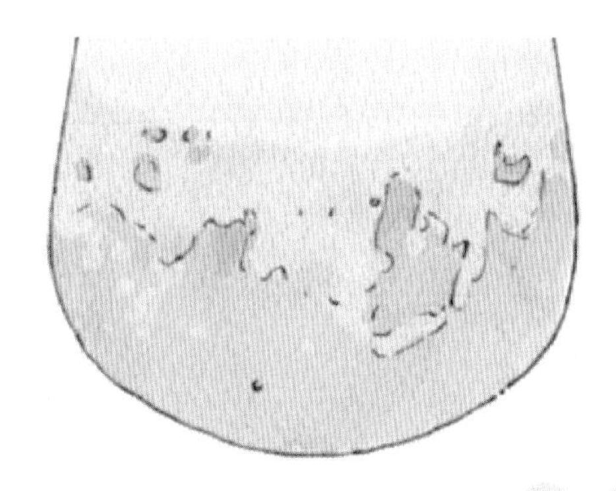

05

新建“正片叠底模式”图层“剪辑蒙版”，用“软湿边笔刷”选绿色平涂小色块，随时调整笔刷不透明度，加深牛油果肉，再用“涂抹工具”过渡色块边缘，接着选浅绿色平涂加深明暗交界线，再涂抹过渡。

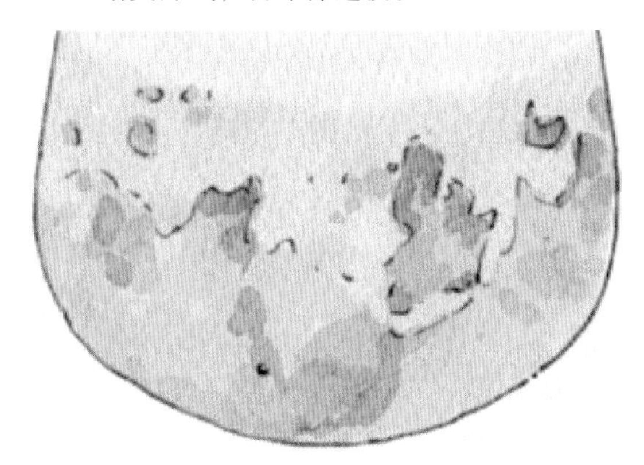

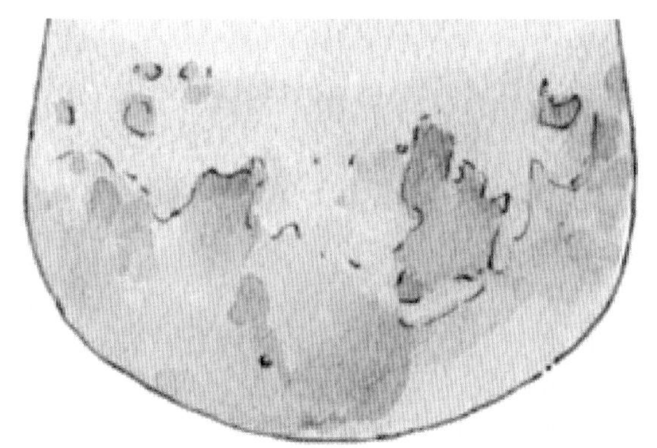

06 新建“正片叠底模式”图层“剪辑蒙版”，用“软湿边笔刷”选浅黄色，把奶油褶皱投影平涂出来，再用“涂抹工具”过渡边缘，“阿尔法锁定”图层后，在右边暗面混入一点蓝灰色。

07 继续新建“正片叠底模式”图层“剪辑蒙版”，选橘黄色把奶油褶皱继续加深，奶油才更立体。

08 在薄荷叶白底上方新建图层“剪辑蒙版”，用“浓湿边笔刷”平涂绿色，用“湿海绵笔刷”给叶子亮部混入一点黄绿色，暗部混入一点蓝绿色，尖部混入一点浅粉色，丰富色调。

09 新建“正片叠底模式”图层“剪辑蒙版”，用“软湿边笔刷”吸取薄荷叶底色，把叶子脉络刻画出来。注意，越靠近叶子尖部越需要降低笔刷不透明度，这样能体现深浅变化。

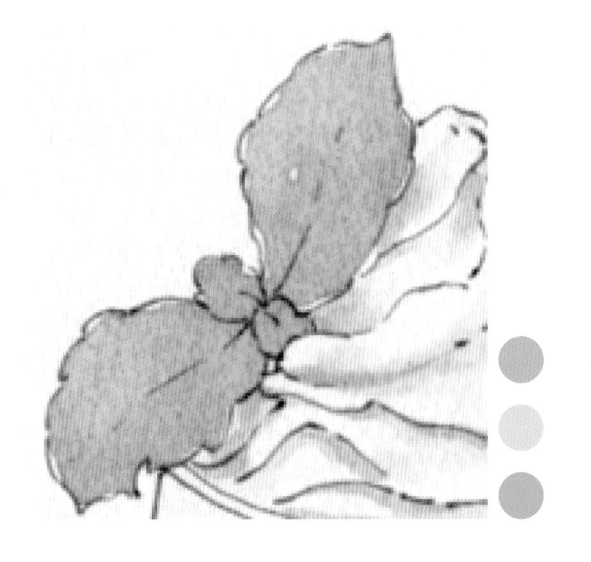

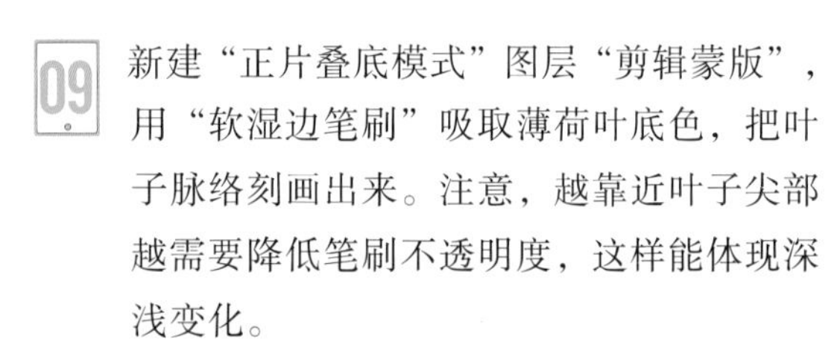

10 在杯子白底上，新建“正片叠底模式”图层“剪辑蒙版”，用“软湿边笔刷”选深点的米黄色继续加深奶油投影。

11 新建“正片叠底模式”图层“剪辑蒙版”，用“点点笔刷”选绿色给奶油雪顶涂上抹茶粉，再用“小墨点笔刷”在杯子奶昔部分涂一点，增加质感。

12 新建图层，用“压力水彩笔刷”选白色把杯底两边反光晕染出来，再用“软湿边笔刷”选灰蓝色，加深玻璃杯底和玻璃杯口。

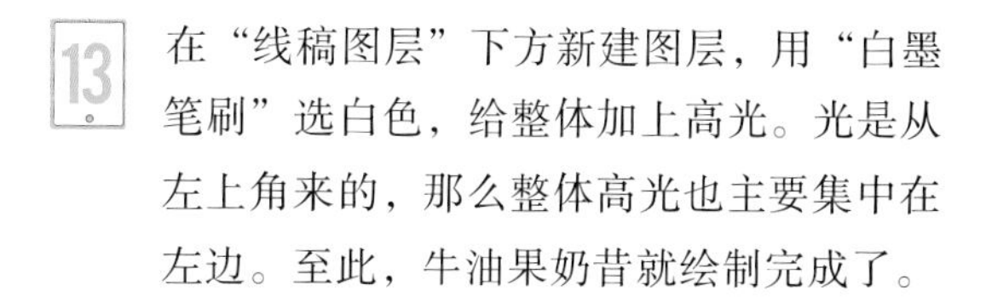

13 在“线稿图层”下方新建图层，用“白墨笔刷”选白色，给整体加上高光。光是从左上角来的，那么整体高光也主要集中在左边。至此，牛油果奶昔就绘制完成了。

6.4 小熊咖啡

自制了一款可爱的小熊泡澡咖啡，只需要将凉的咖啡倒入小熊模具，放冰箱冷冻一晚上即可得到小熊，还可尝试不同颜色的咖啡，很有趣。

【线稿颜色】

【案例用色参考】

素材图

案例图

有关小熊咖啡草图、小熊咖啡线稿以及小熊咖啡上色的内容，请扫描右侧的二维码下载 PDF 文件进行学习。

第7章

暖系水彩治愈甜品

7.1 樱桃蛋糕

五月正是吃樱桃最好的季节，那么就用樱桃和酸奶做一个简单可爱的樱桃蛋糕吧。

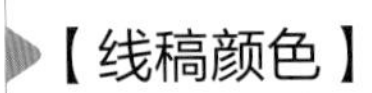

【案例用色参考】

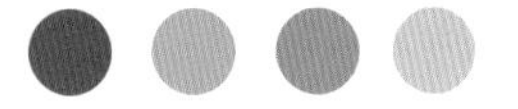

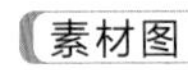

案例图

7.1.1 樱桃蛋糕草图

【草图笔刷】

【草图重点】

蛋糕整体形状是圆的，下边比上边要宽，加上俯拍角度，视觉上会显得下边更宽一点，绘制的时候可以把下边宽的这种特点夸张些，樱桃梗可以画弯曲，会显得更可爱。

【草图步骤】

01 在“草图图层”用“铅笔笔刷”选黑色画草图。画一个椭圆形将蛋糕上边的区域框选出来，再用直线将蛋糕两边的倾斜角度表现出来，弧线画出底部，底部弧线的角度尽量和上边的差不多，这样甜品的大轮廓就呈现出来了。

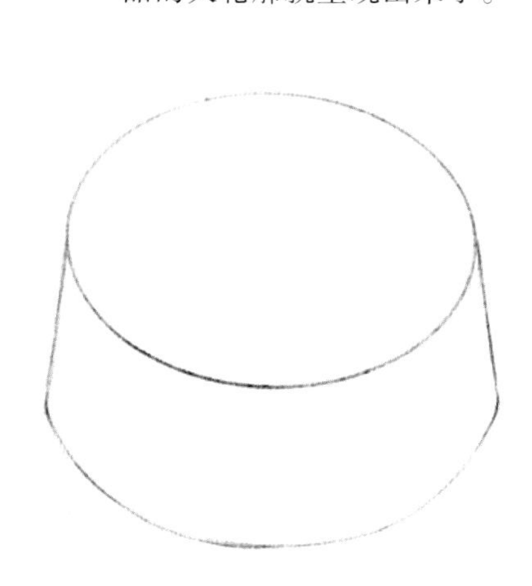

02 用弧线把樱桃和酸奶加上，把蛋糕边缘弧度都仔细刻画。

7.1.2 樱桃蛋糕线稿

【线稿笔刷】

【线稿步骤】

01 将“草图图层”不透明度降低，“线稿图层”模式改为“正片叠底”。

02 在“线稿图层”用“钢笔笔刷”选色卡里的棕色来绘制线稿。在画蛋糕和酸奶边缘的时候，线条可以稍微有起伏的手绘感，会显得更加柔软，有质感。表现樱桃光滑的质感时，线条可刻画得更加流畅一点。

7.1.3 樱桃蛋糕上色

【上色笔刷】

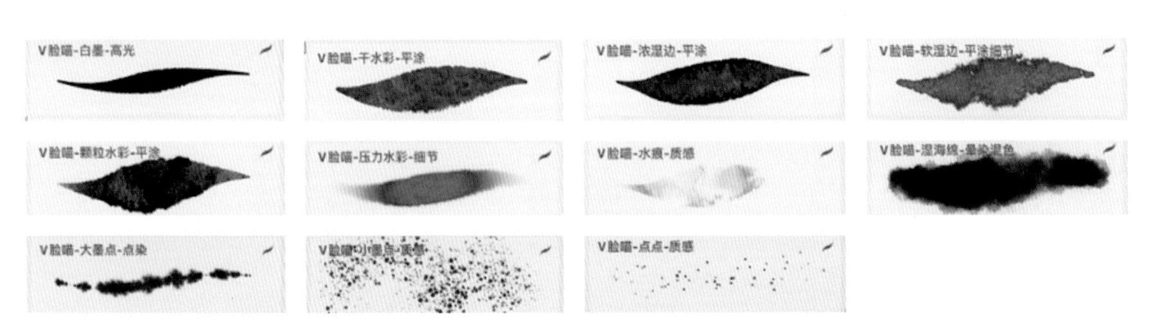

【涂抹工具 + 笔刷】

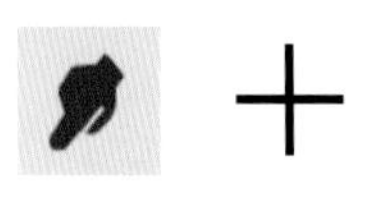 + 

【橡皮工具 + 笔刷】

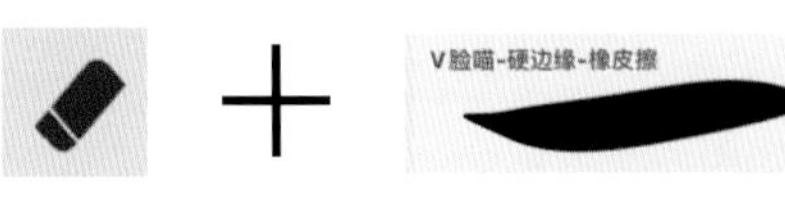

【图层用到功能】

【常用综合色卡】

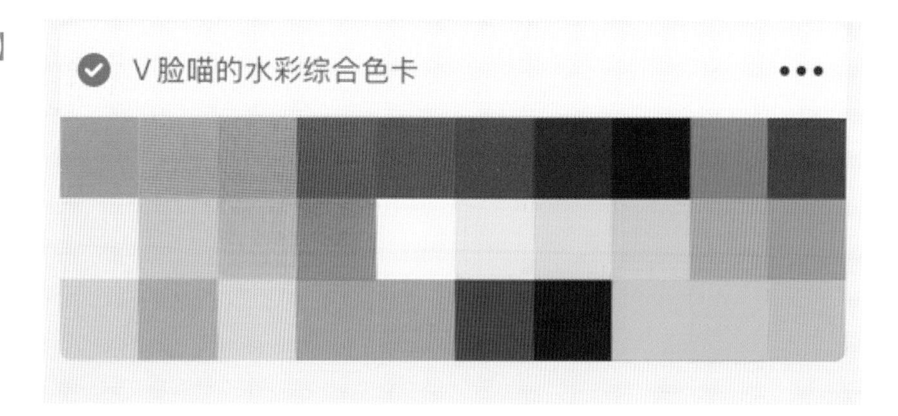

【上色重点】

将白色的酸奶画得立体，用环境色丰富酸奶色调，以及让樱桃变立体和水润高光的画法，都是这次上色的重点。

【上色步骤】

01 在“线稿图层”下方新建一个图层，将蛋糕整体用“手绘”选取工具选取出来并填充白底，方便后续在白底上方新建图层用“剪辑蒙版”功能上色，使颜色涂不到线稿外。

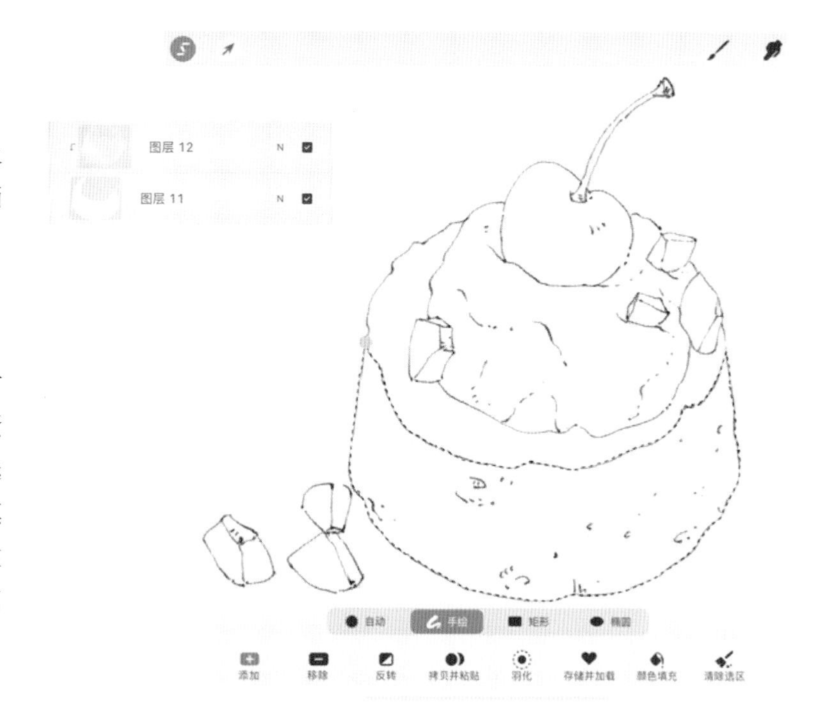

02 新建图层“剪辑蒙版”到蛋糕白底，用“干水彩笔刷”选浅黄色平涂蛋糕表面，用“湿海绵笔刷”选白色，晕染提亮蛋糕亮面。用“干水彩笔刷”选橘黄色平涂蛋糕表面，用“湿海绵笔刷”选黄色晕染左边亮面。

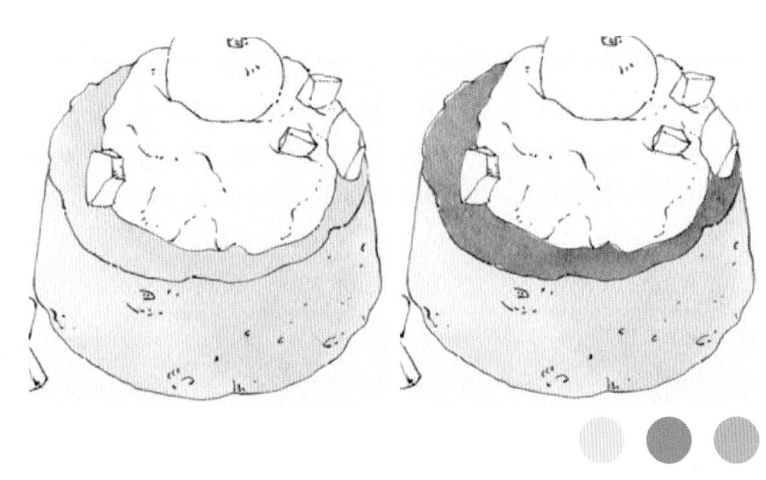

03 新建“正片叠底模式”图层“剪辑蒙版”，用“湿海绵笔刷”选橘红色晕染加深表皮暗面。用“干水彩笔刷”选浅黄色平涂色块加深蛋糕体上的明暗交界线。

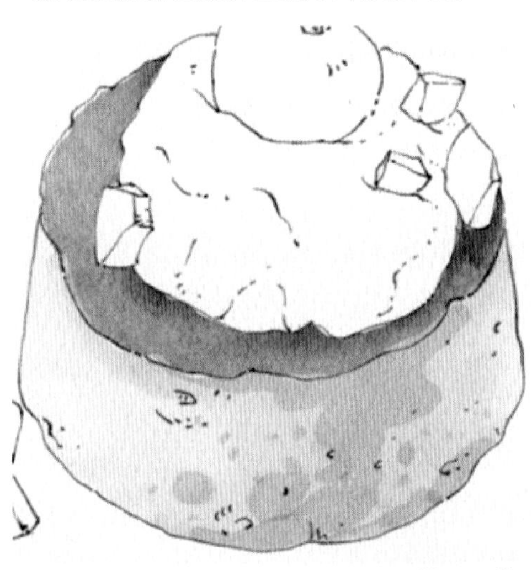

04 用“涂抹工具”过渡边缘，用“小墨点笔刷”选浅黄色给蛋糕体涂上墨点，增加蛋糕表面的蓬松质感。

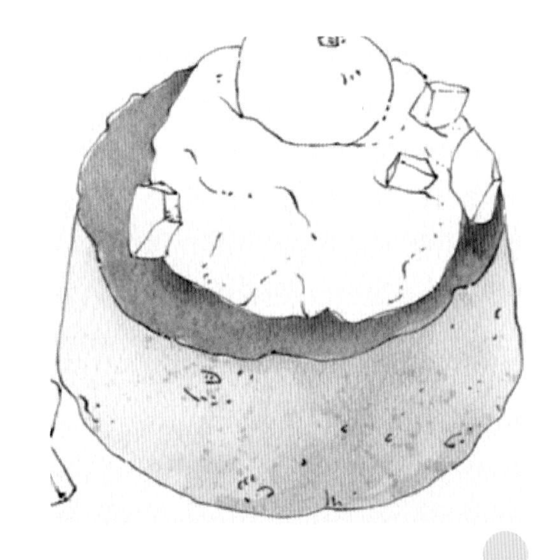

05 新建“正片叠底模式”图层“剪辑蒙版”，用“干水彩笔刷”吸取蛋糕表面的颜色平涂出投影，以同样的方式表现蛋糕体投影。

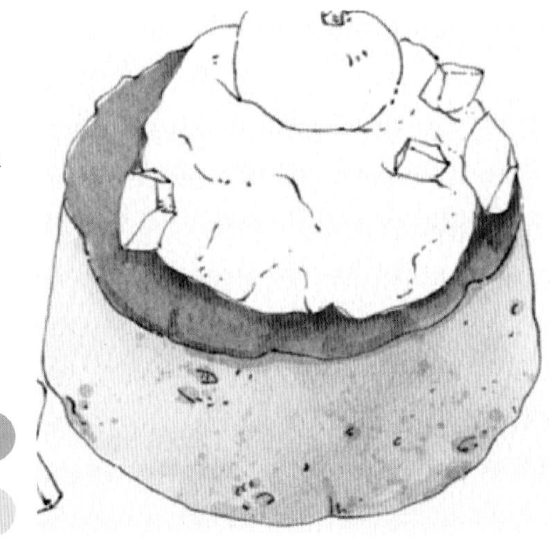

06 新建图层，用“浓湿边笔刷”选红色，平涂出樱桃和果皮表面，浅黄色平涂果肉，绿色平涂梗。接着“阿尔法锁定”图层，用“湿海绵笔刷”选红色晕染果肉边缘，选浅蓝色浅浅晕染樱桃的暗面。

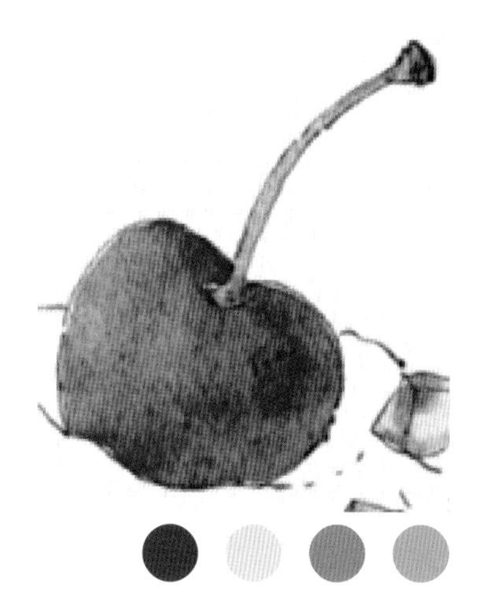

07 新建“正片叠底模式”图层，用“软湿边笔刷”选红色，平涂加深樱桃暗面，再用“涂抹工具”过渡色块边缘，使樱桃更有立体感。

08 新建图层，用“软湿边笔刷”选灰蓝色，平涂酸奶暗面投影，不明显的地方可降低笔刷不透明度平涂，营造深浅变化效果。

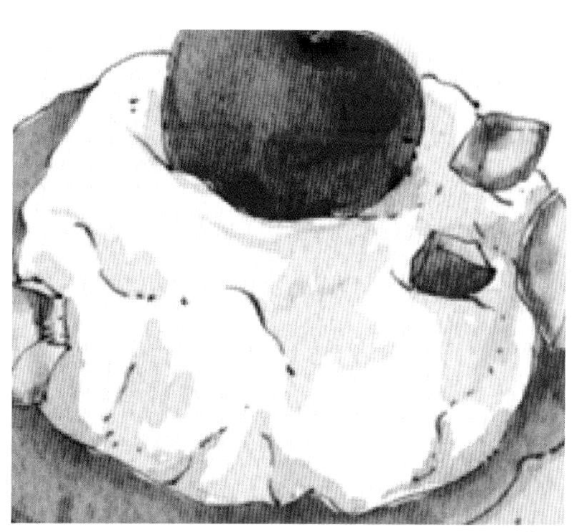

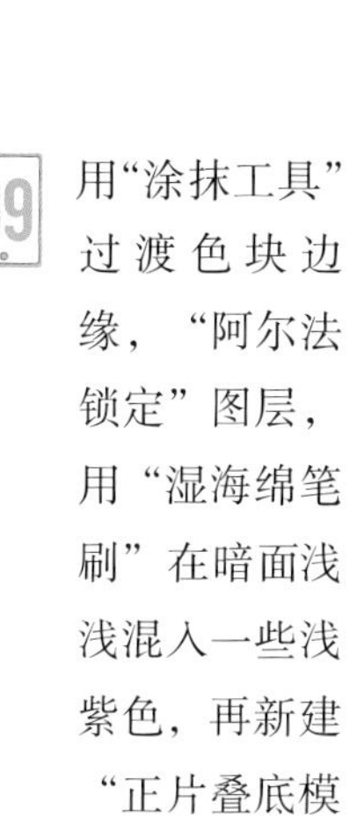

09 用“涂抹工具”过渡色块边缘，“阿尔法锁定”图层，用“湿海绵笔刷”在暗面浅浅混入一些浅紫色，再新建“正片叠底模式”图层，用“软湿边笔刷”选灰蓝色，将樱桃在酸奶上的投影平涂出来。

10 在“线稿图层”下方新建图层，用“白墨笔刷”选白色，将樱桃酸奶以及蛋糕的高光都加上，再用“点点笔刷”给蛋糕表面涂一点糖粉效果。

11 在最下方新建图层，用“干水彩笔刷”选灰紫色，将蛋糕投影平涂出来。投影后需用“涂抹工具”过渡柔和，“阿尔法锁定”图层，再用“湿海绵笔刷”吸取樱桃的红色浅浅晕染混入，增加环境色使其更自然。至此，樱桃蛋糕绘制完成。

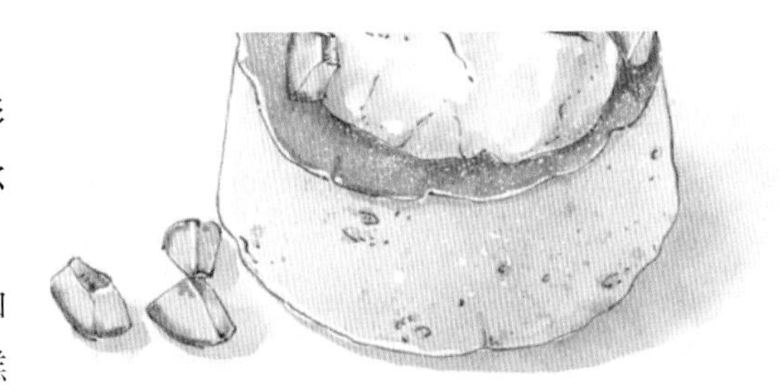

7.2 橙子蛋糕卷

扫码观看视频

橙子味道的蛋糕卷酸酸甜甜，清新而不腻。

【线稿颜色】

【案例用色参考】

素材图

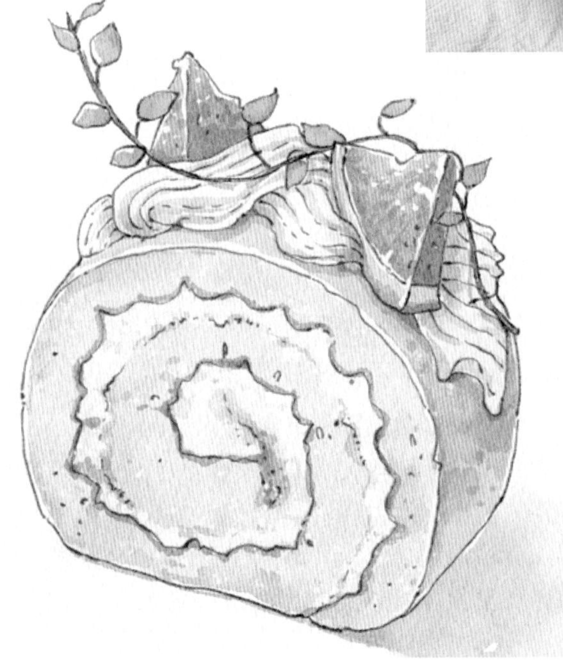

案例图

7.2.1 橙子蛋糕卷草图

【草图重点】

蛋糕卷整体形状圆润，因放在桌面，蛋糕卷底部比较平滑，且拍摄角度倾斜，绘制的时候需要注意透视问题。

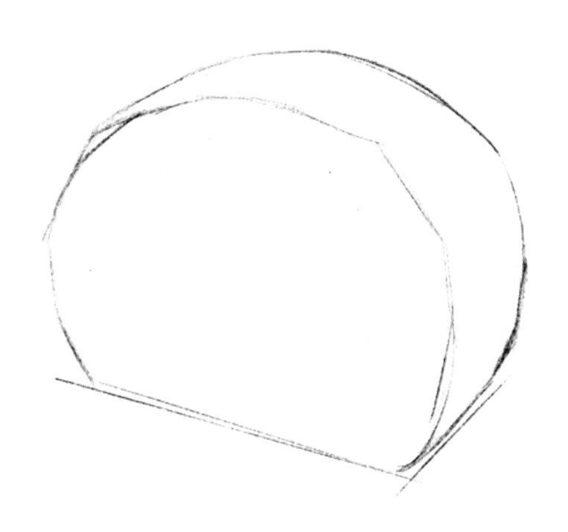

【草图步骤】

01 在“草图图层”用“铅笔笔刷”选黑色绘制草图。用直线刻画出蛋糕卷倾斜角度和厚度，再用弧线将蛋糕卷圆形轮廓刻画出来。

02 用弧线将卷起来的中间位置都表现出来。

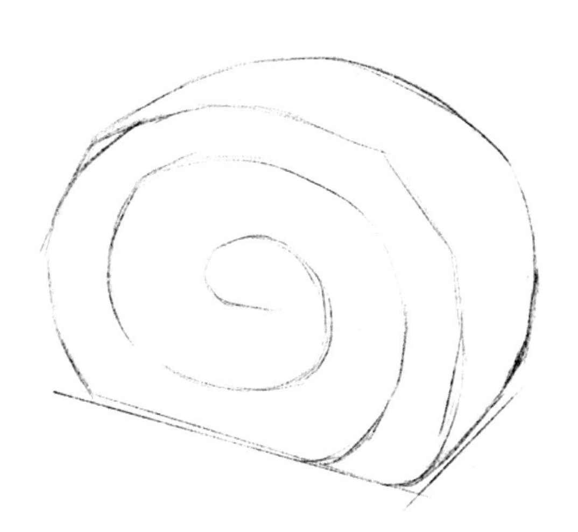

03 再将奶油和水果都勾勒出来，注意奶油的形状需跟着蛋糕卷的轮廓方向刻画。

7.2.2 橙子蛋糕卷线稿

【线稿步骤】

01 将“草图图层”不透明度降低，“线稿图层”模式改为“正片叠底”。

02 在“线稿图层”用“钢笔笔刷”选色卡里的棕色来绘制线稿。奶油的细节比较多，需要跟着奶油纹路走向来刻画，不明显的地方可用虚线来表现。蛋糕卷表面可多用小笔触增加质感。

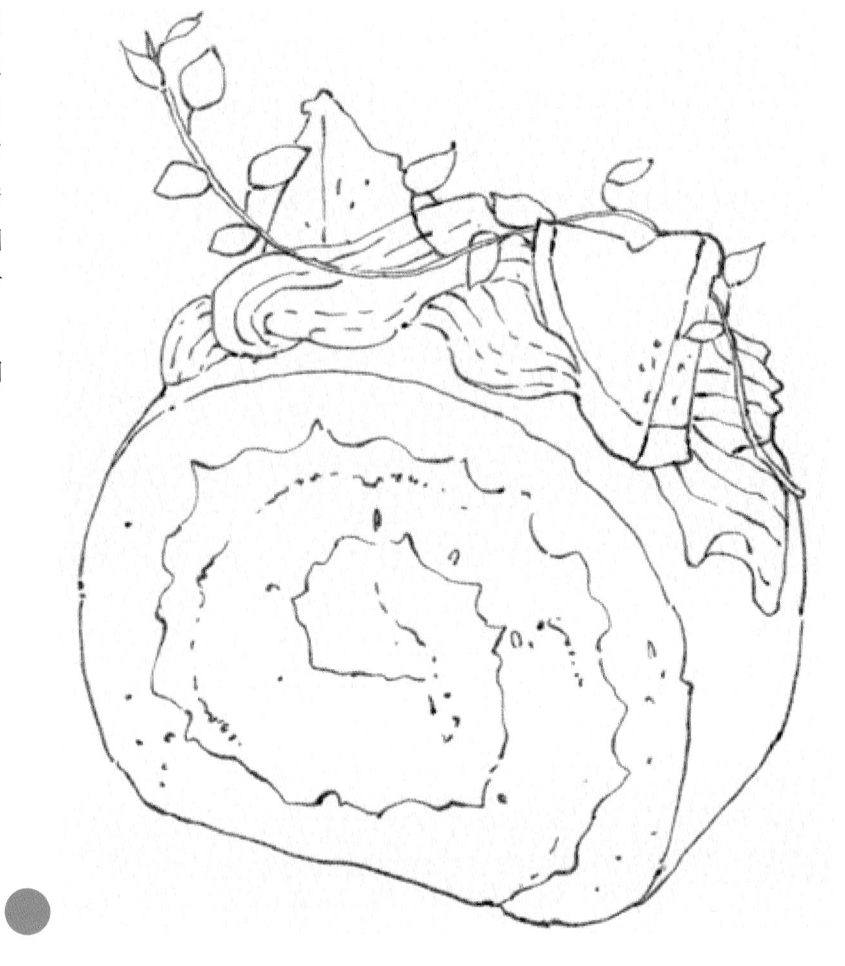

7.2.3 橙子蛋糕卷上色

【上色重点】

蛋糕卷想要看起来立体，明暗关系就得处理好。

【上色步骤】

01 在“线稿图层”下方新建一个图层，把蛋糕卷用“手绘”选取工具选取出来并填充白底，方便后续在白底上方新建图层用“剪辑蒙版”功能上色，使颜色涂不到线稿外。

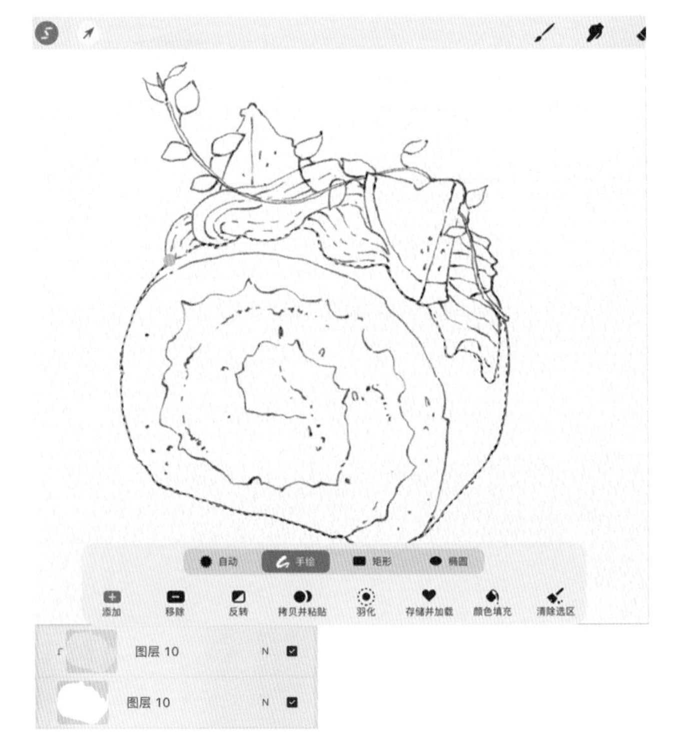

02

新建图层“剪辑蒙版”到蛋糕白底，用“干水彩笔刷”选浅黄色平涂蛋糕，复制一份图层把模式调整为“正片叠底”，正面用“橡皮擦工具”选“硬边缘笔刷”擦掉，蛋糕卷明暗关系就明显了。

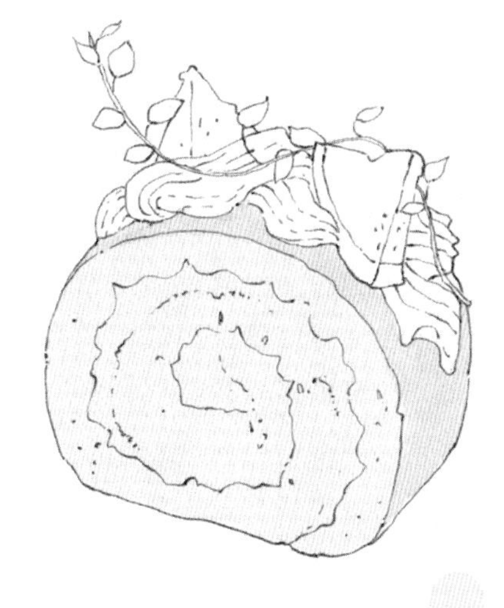

03

新建图层，用“干水彩笔刷”选橘黄色，将橙子果肉以及表皮平涂上色，再用“涂抹工具”过渡表皮边缘。

04

新建“正片叠底模式”图层，用“软湿边笔刷”吸取橙子颜色，平涂出果肉，以及加深暗面。

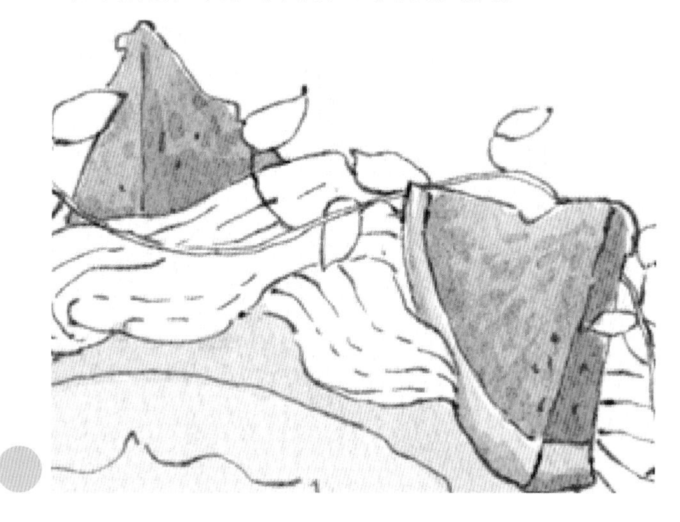

05

新建图层，用“干水彩笔刷”选淡黄色平涂出奶油。“阿尔法锁定”图层，用“湿海绵笔刷”选白色提亮奶油亮面，暗面混入一些橘色。再新建“正片叠底模式”图层，用“软湿边笔刷”选灰紫色画出投影。

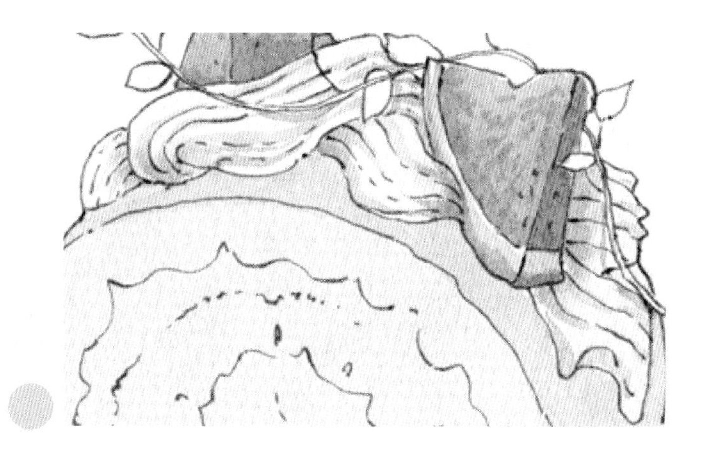

06

新建图层，用“干水彩笔刷”选绿色平涂出叶子，枝干用深绿色平涂。“阿尔法锁定”图层，用“湿海绵笔刷”选蓝绿色和粉色晕染叶子，丰富色调。

07 新建“正片叠底模式”图层“剪辑蒙版”到蛋糕白底，用“软湿边笔刷”选黄色，平涂小色块晕染出蛋糕的质感，不明显的地方可降低笔刷不透明度来绘制，再用“涂抹工具”过渡部分边缘。

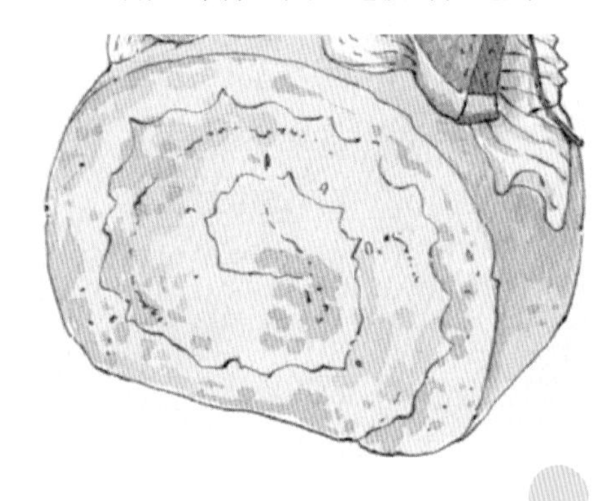

08 新建图层，用“软湿边笔刷”选白色平涂出蛋糕卷里面的奶油。

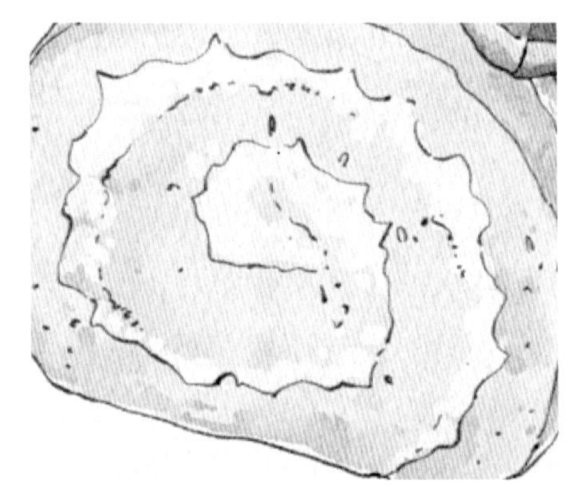

09 新建“正片叠底模式”图层“剪辑蒙版”，用“软湿边笔刷”选橘黄色将蛋糕卷皮沿着纹路刻画出来。

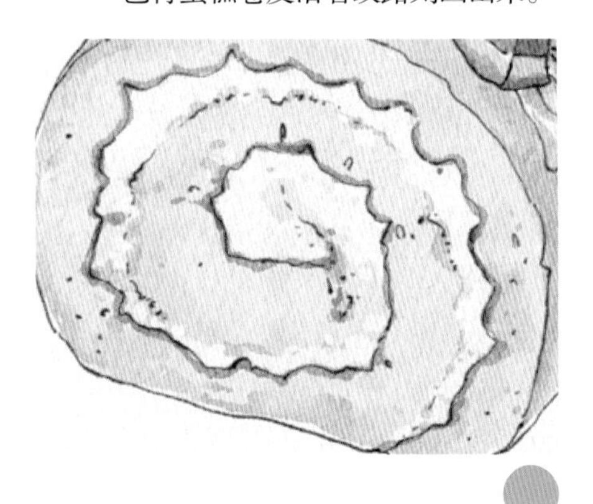

10 用深一点的黄色继续加深蛋糕的细节以及投影，用“涂抹工具”过渡部分边缘。

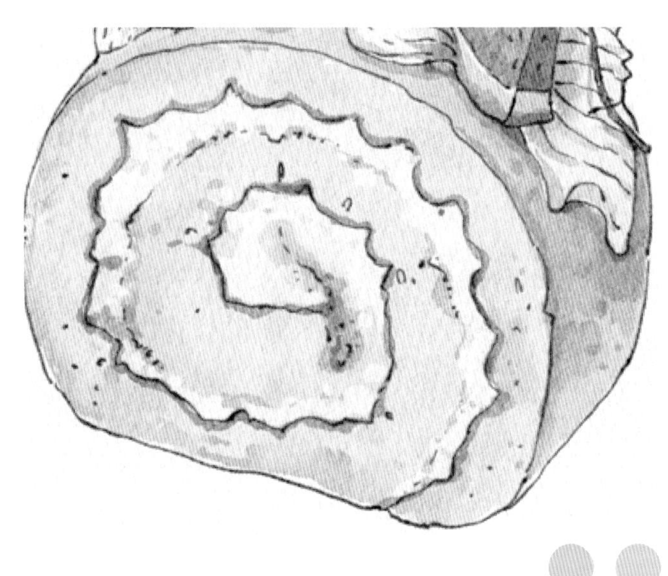

11 在“线稿图层”下方新建图层，用“白墨笔刷”选白色，给蛋糕以及水果奶油加上高光，再用“小墨点笔刷”涂些白点。

12 用“软湿边笔刷”选灰蓝色平涂出蛋糕投影，用“涂抹工具”过渡投影后边边缘，再“阿尔法锁定”图层，用“湿海绵笔刷”混入灰紫色以及淡黄色，丰富环境色。至此，橙子蛋糕卷就绘制完成了。

7.3 草莓可颂

对于甜品而言，草莓是最受欢迎的，可爱的造型，酸酸甜甜的味道，搭配精致，超美味。

【线稿颜色】

【案例用色参考】

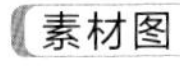

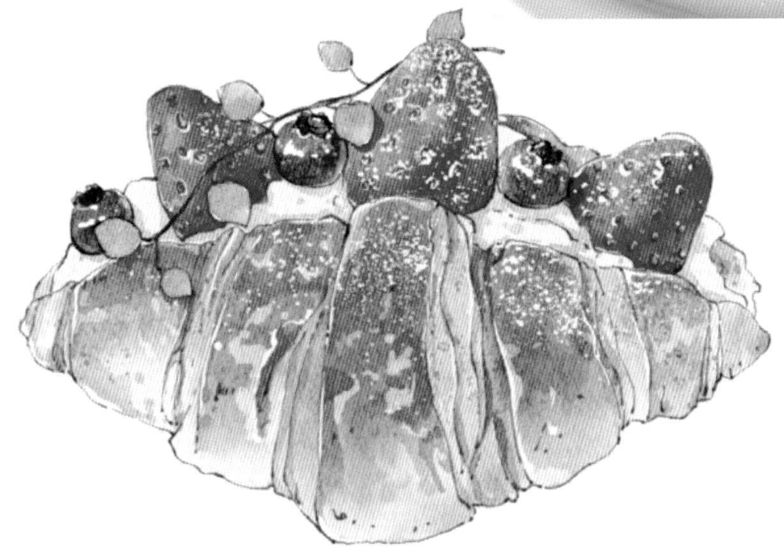

案例图

7.3.1 草莓可颂草图

【草图重点】

可颂的表皮看着复杂不好绘制，但将结构先拆解分析后再画就不难了，可颂整体造型是两头尖中间宽，可看成由两个三角形组成的四边形。

【草图步骤】

01 在“草图图层”用“铅笔笔刷”选黑色画草图。注意观察可颂的边缘倾斜角度，用直线刻画出四边形，框出可颂的大轮廓。

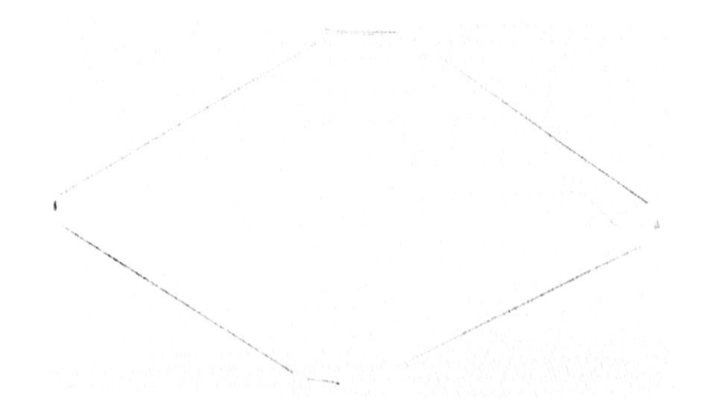

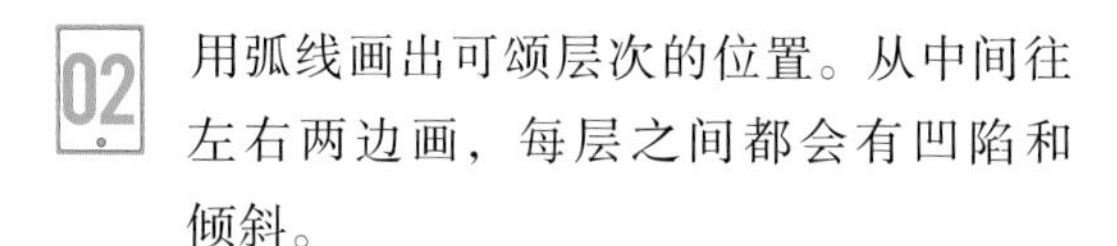

02 用弧线画出可颂层次的位置。从中间往左右两边画，每层之间都会有凹陷和倾斜。

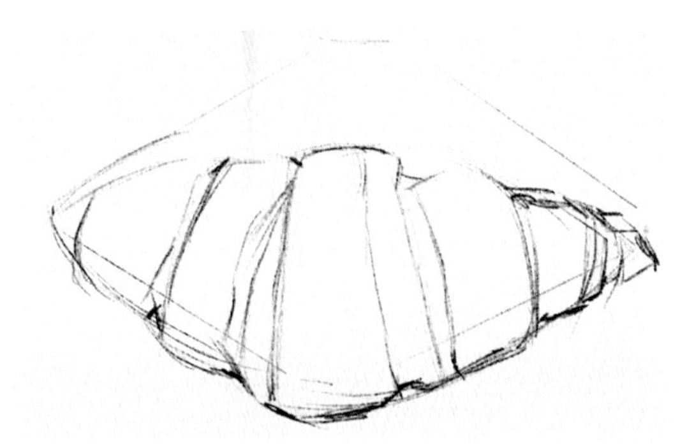

03 前面的可颂画好后，再把草莓和奶油加上，接着把后边能看到的一点可颂加上。装饰的绿植可以最后用红色画出来，方便区分。

7.3.2 草莓可颂线稿

【线稿步骤】

01 把“草图图层”不透明度降低，“线稿图层”模式改为“正片叠底”。

02 在“线稿图层”用“钢笔笔刷”选色卡里的棕色来绘制线稿。在刻画可颂表皮的层时，明显的地方线条可以画实一点，不太明显的地方用短虚线概括，这样可颂的线稿就更有层次感。

7.3.3 草莓可颂上色

【上色重点】

可颂的表皮层次丰富，深浅变化多，表现表面焦香酥脆质感时，需要多保留笔触减少过渡。整体颜色可涂得饱和度高些，会让可颂看起来更美味。

【上色步骤】

01 在“线稿图层”下方新建三个图层，用“手绘”选取工具把可颂、水果、叶子分别选取并填充白底，方便后续用“剪辑蒙版”功能上色，使颜色涂不到线稿外。

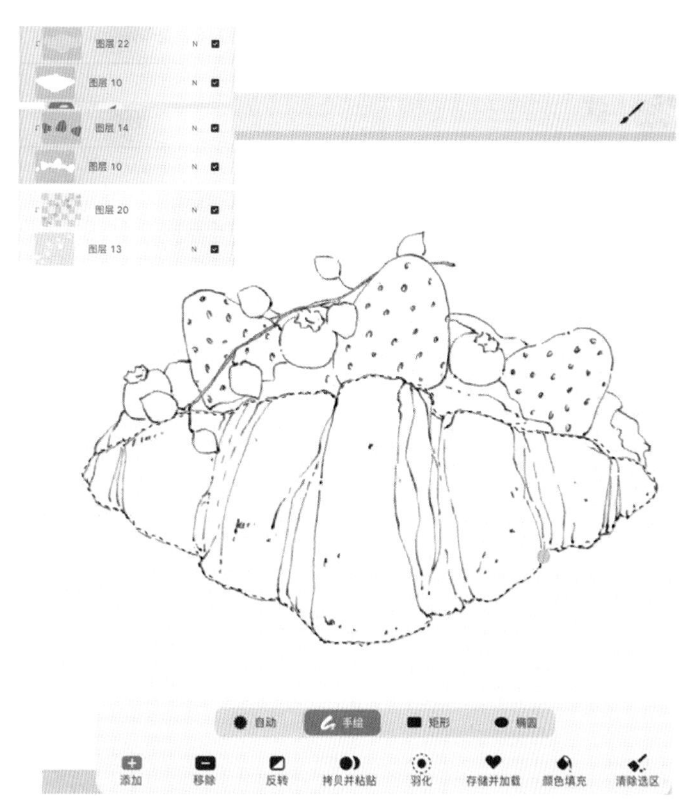

02 在水果白底上新建图层“剪辑蒙版”，用“浓湿边笔刷”选红色平涂草莓，选蓝色平涂蓝莓，每个水果尽量一笔平涂，减少出现笔触重叠、颜色不均的情况。

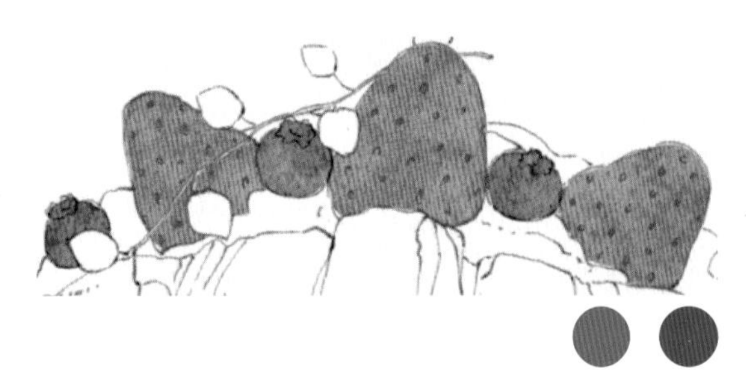

03 用“湿海绵笔刷”选浅粉色提亮草莓亮面，红色加重明暗交界线，暗面混入一点浅蓝色，选浅紫色晕染蓝莓亮面，选蓝色晕染蓝莓暗面，使水果整体色调丰富。

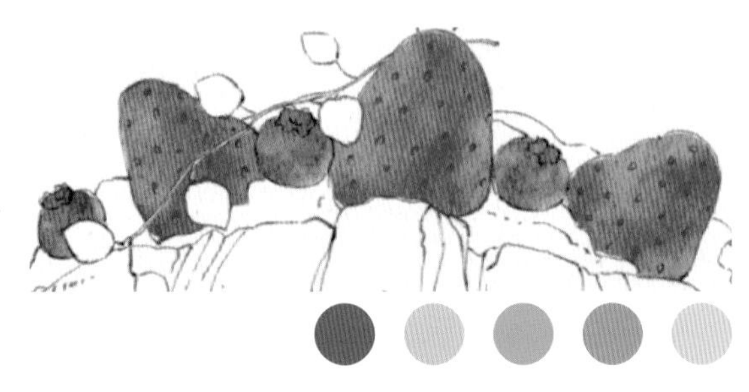

04 新建“正片叠底模式”图层“剪辑蒙版”，用“浓湿边笔刷”选红色加深草莓暗面，选蓝色加深蓝莓暗面，再用“涂抹工具”过渡，使边缘柔和。

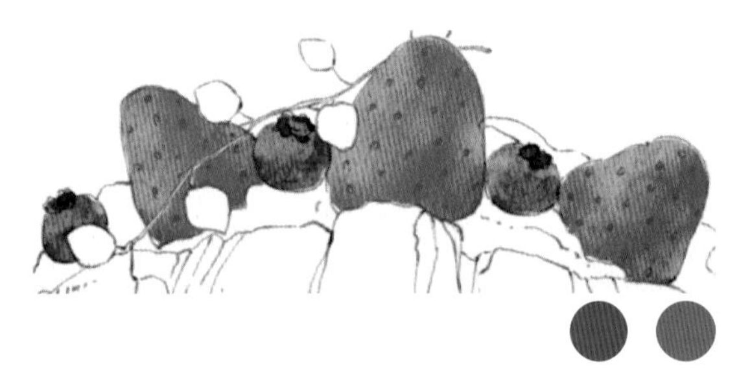

05 新建图层“剪辑蒙版”，用“干水彩笔刷”选浅黄色点涂出草莓籽，在草莓籽下方新建“正片叠底模式”图层，选红色晕染出草莓籽和叶子之间的投影。

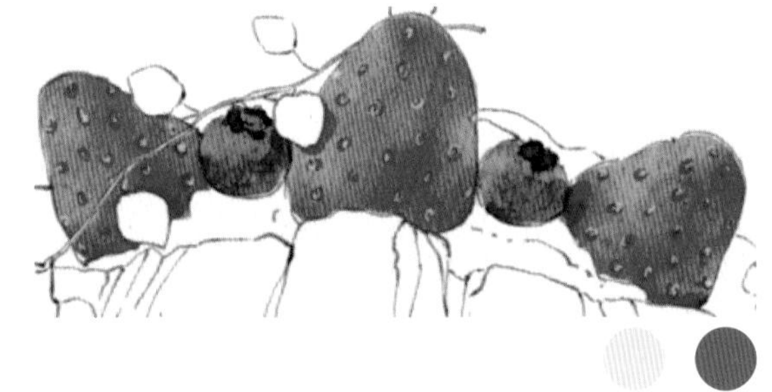

06 新建图层“剪辑蒙版”到叶子白底，用“浓湿边笔刷”选绿色平涂底色，选深红棕色平涂叶子枝干，用“湿海绵笔刷”选浅蓝色晕染叶子尖部。

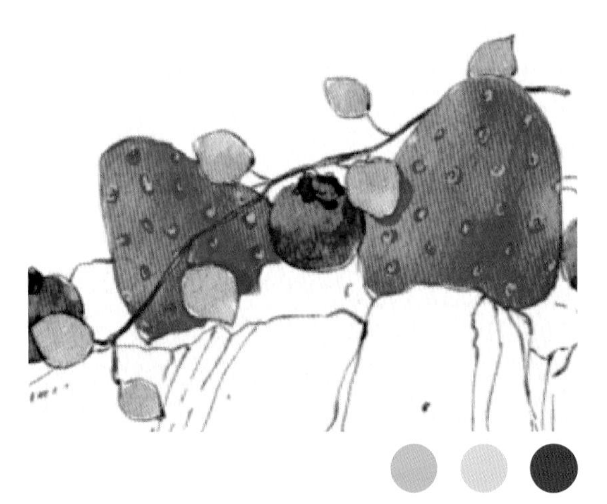

07 新建图层“剪辑蒙版”到可颂白底，用“颗粒水彩笔刷”选浅黄色平涂可颂，用“湿海绵笔刷”选深一点的黄色晕染加深可颂，烤焦黄的位置用橘红色加深，一定要有渐变的深浅变化。

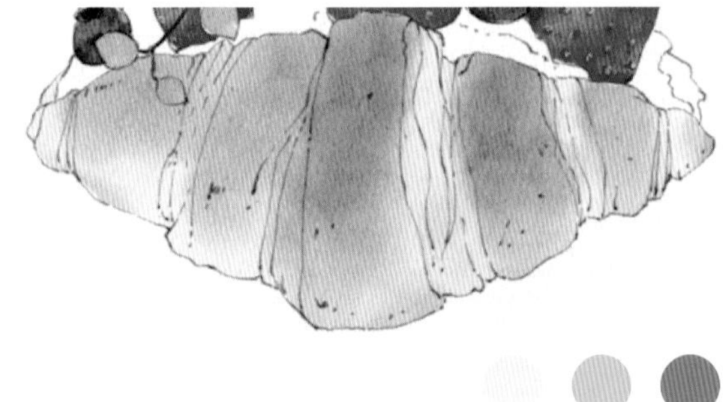

08 新建“正片叠底模式”图层“剪辑蒙版”，用“软湿边笔刷”选浅橘黄色平涂加深可颂烤焦的位置以及褶皱投影，没那么焦黄的地方可降低笔刷不透明度平涂。

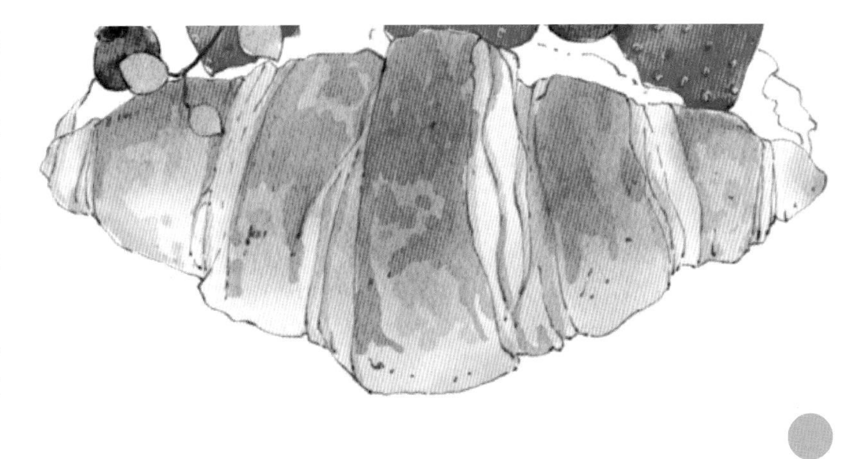

09 用“涂抹工具”过渡部分色块边缘。

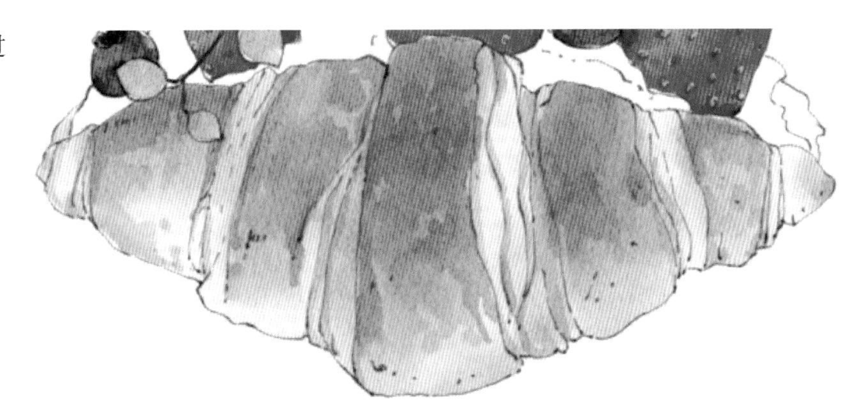

10 新建“正片叠底模式”图层“剪辑蒙版”，用“软湿边笔刷”选橘黄色继续加深可颂暗部，再用“小墨点笔刷”涂点点增加可颂质感。

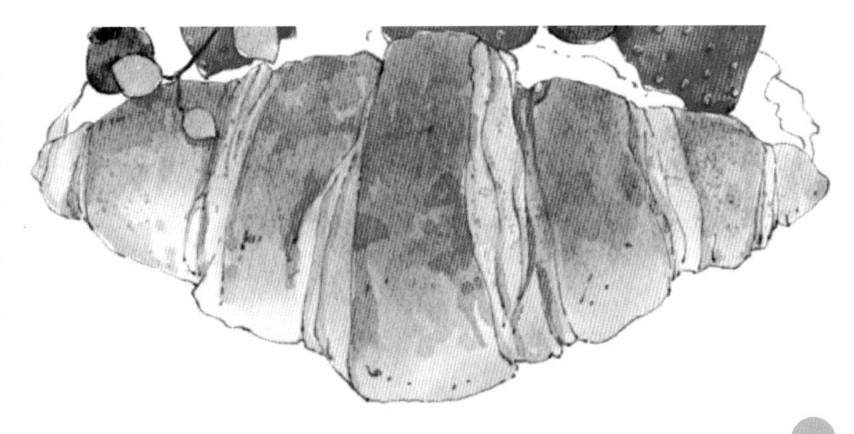

11 在可颂白底下方新建图层，用“软湿边笔刷”选浅米色平涂奶油，吸取可颂的颜色平涂出后边可颂位置。

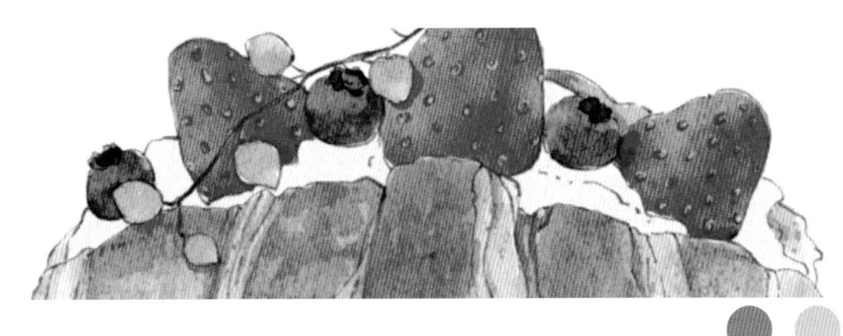

12 新建“正片叠底模式”图层，选灰蓝色将奶油的投影都平涂出来。

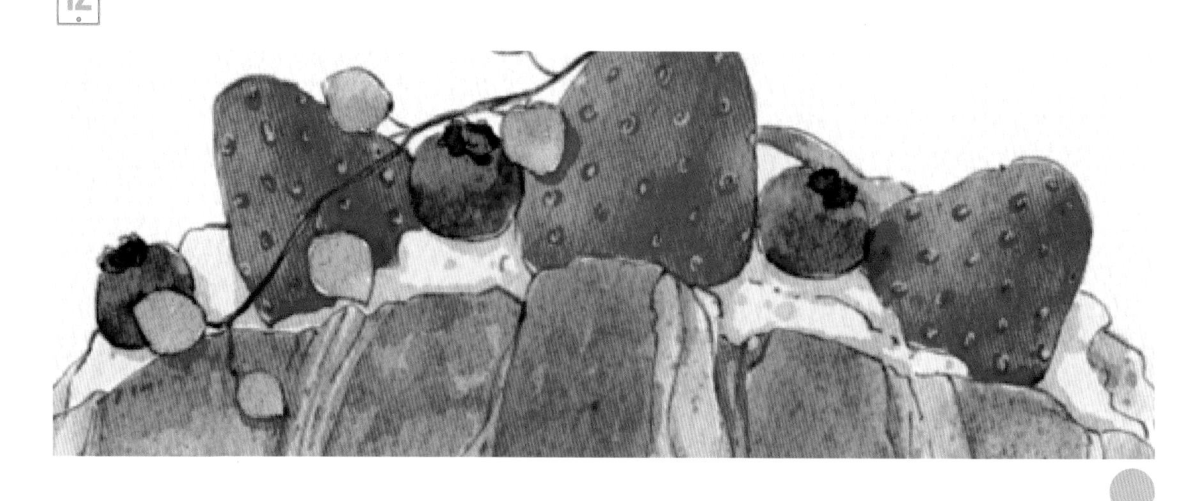

13 在“线稿图层”下方新建图层，用“白墨笔刷”选白色，将水果和可颂的高光都涂出来，可颂不明显的高光可降低笔刷不透明度来表现，注意光是从左上方来的，所以投影主要集中在右边。

14 用“点点笔刷”给草莓可颂整体涂上白糖粉效果。至此，完成草莓可颂的绘制。

7.4　华夫饼

早上来一份简单快手的华夫饼，倒上酸奶，加上各种莓果装饰，好看又美味。

扫码观看视频

【线稿颜色】

【案例用色参考】

素材图

案例图

有关华夫饼草图、华夫饼线稿、华夫饼上色的内容，请扫描右侧的二维码下载 PDF 文件进行学习。

7.5 无花果松饼

秋季限定的无花果松饼，颜值很赞。

扫码观看视频

【线稿颜色】

【案例用色参考】

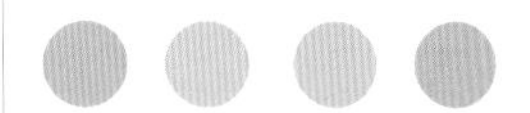

素材图

案例图

有关无花果松饼草图、无花果松饼线稿、无花果松饼上色的内容，请扫描右侧的二维码下载 PDF 文件进行学习。

第8章

暖系淡彩味蕾盛宴

8.1 炸虾

没想到在一家烤肉店可以吃到特别好吃的炸虾，外酥里嫩。

扫码观看视频

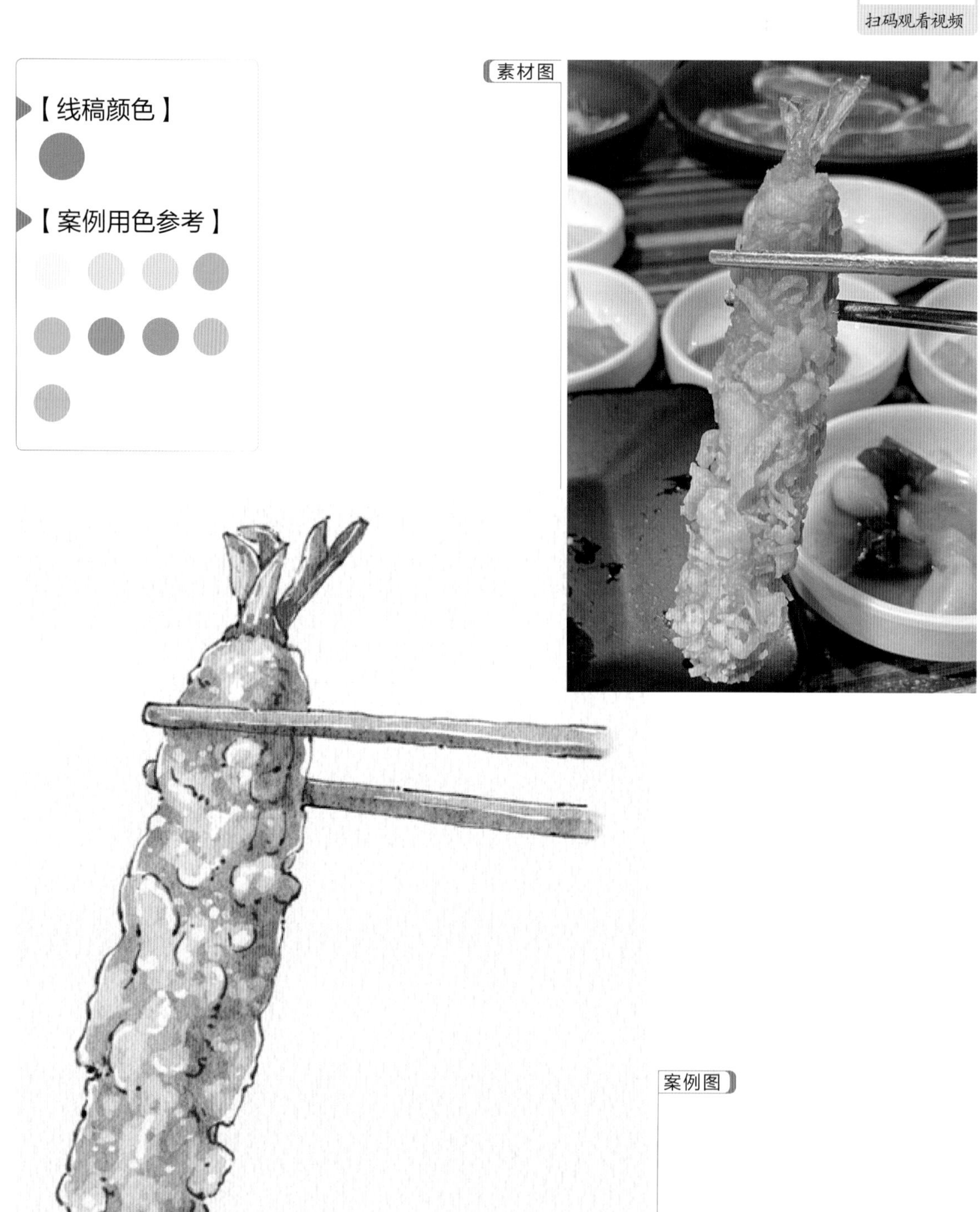

8.1.1 炸虾草图

【草图笔刷】 V脸喵-铅笔-草图

【草图重点】

炸虾的形状很简单，比较细长，边缘不规则，绘制的时候需要把边缘特点把握好。

【草图步骤】

01 在“草图图层”用“铅笔笔刷”选黑色绘制草图。用曲线将炸虾裹了面包糠的位置简单概括出来。

02 处理炸虾边缘的起伏角度，再把虾尾简单刻画。

03 炸虾表面的脆皮比较明显的地方可以用线条都表现出来，方便后续刻画，用直线刻画出筷子。

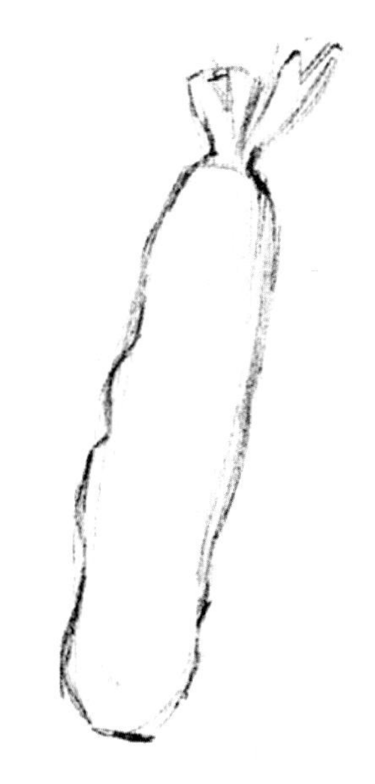

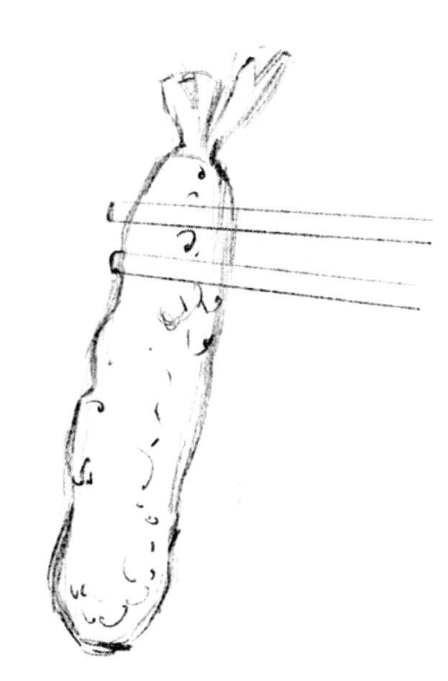

8.1.2 炸虾线稿

【线稿笔刷】 V脸喵-钢笔-线稿

【线稿步骤】

01 将“草图图层”不透明度降低，“线稿图层”模式改为“正片叠底”。

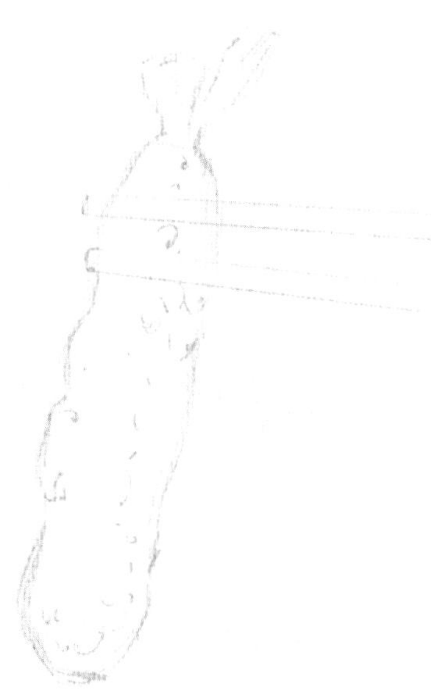

02 在“线稿图层”用“钢笔笔刷”选色卡里的棕色来绘制线稿。先把炸虾的大轮廓边缘起伏刻画出来，只需刻画几个明显的脆皮形状，用弧形的小短线和点点组合表现出表面凹凸不平的质感。线稿完成后需隐藏“草图图层”。

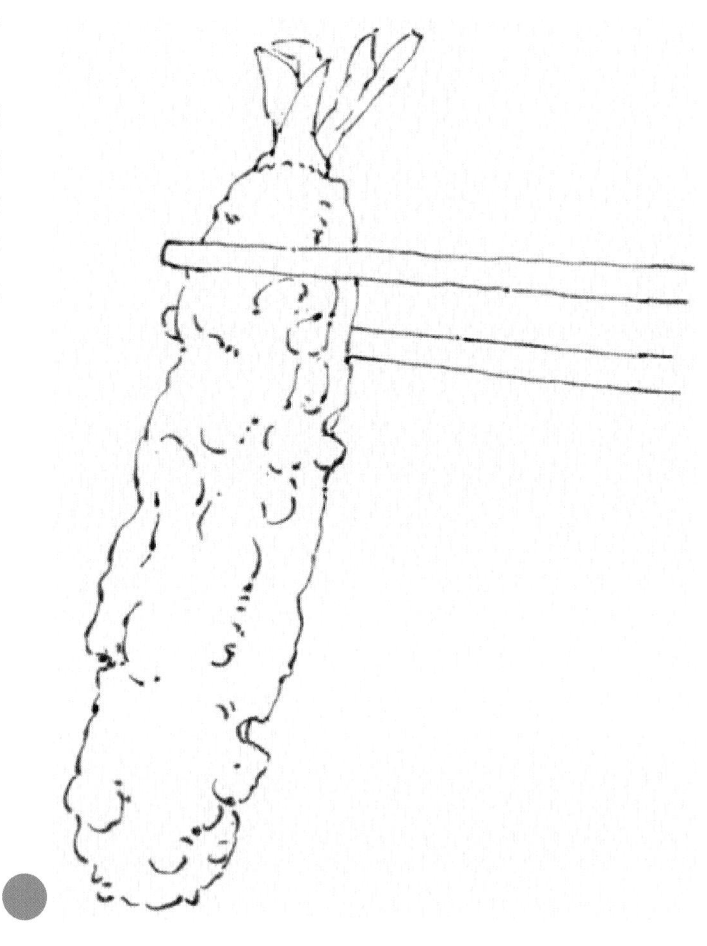

8.1.3 炸虾上色

【上色笔刷】

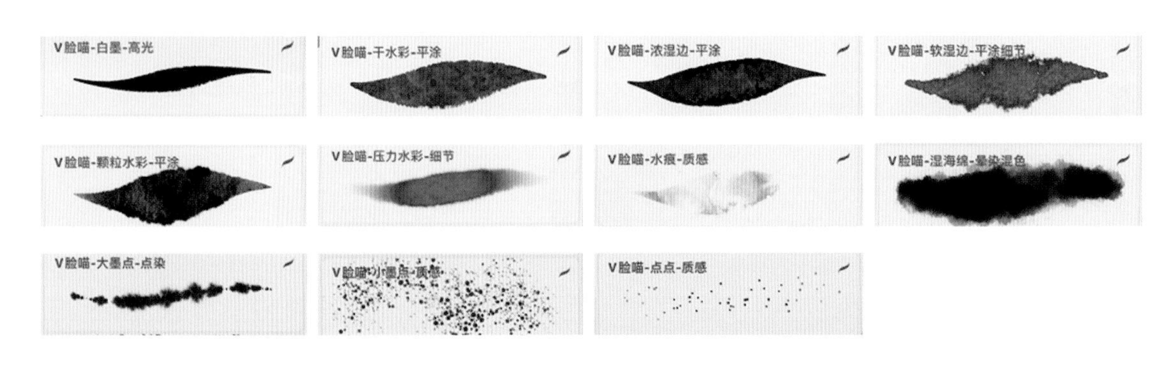

【涂抹工具 + 笔刷】

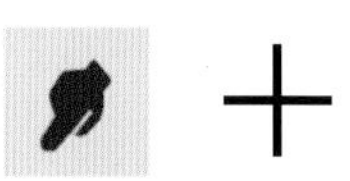 + 

【橡皮工具 + 笔刷】

【图层用到功能】

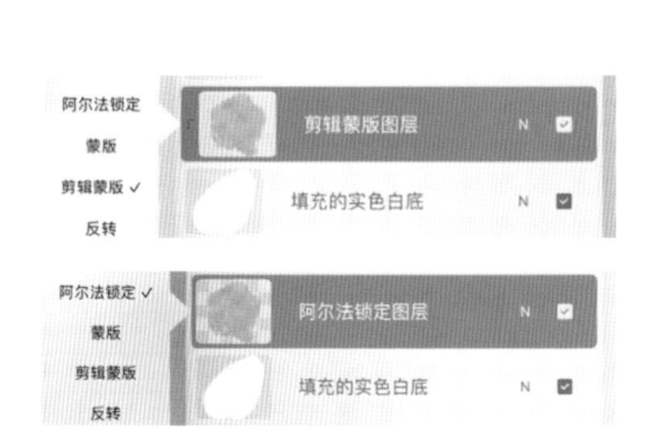

【常用综合色卡】

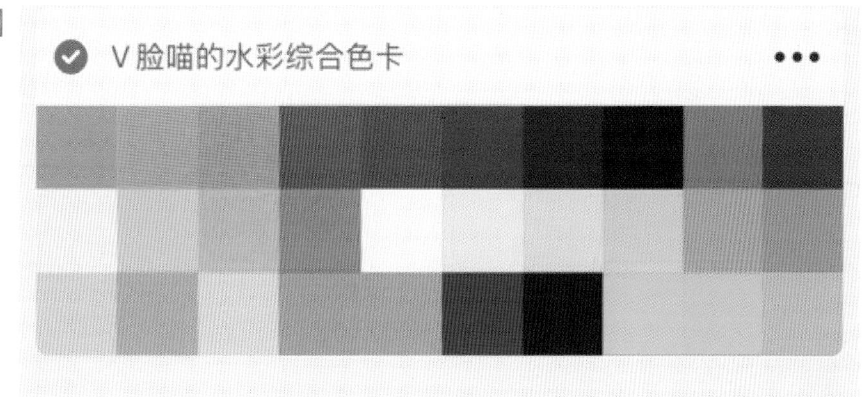

【上色重点】

学会将不同的笔触、形状、大小组合在一起，营造出油炸类美食的酥脆质感。

【上色步骤】

01 在“线稿图层”下方新建两个图层，分别用“手绘”选取工具将炸虾和筷子单独选取出来并填充白色实底，方便后续用“剪辑蒙版”功能上色，使颜色涂不到线稿外。

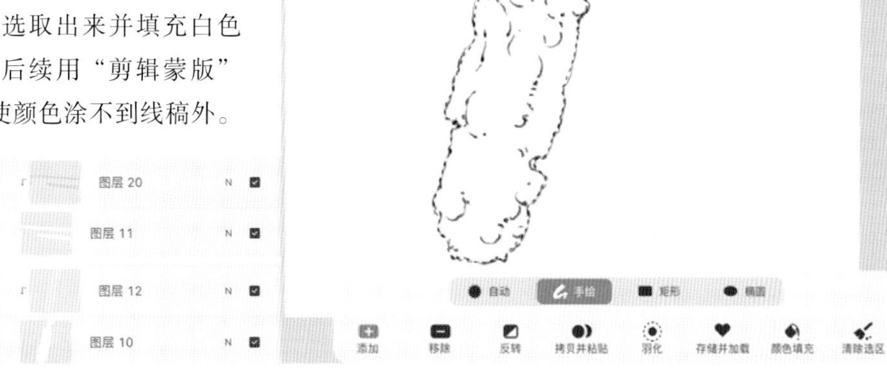

02 新建图层“剪辑蒙版”到炸虾白底，用“干水彩笔刷”选浅黄色整个平涂。

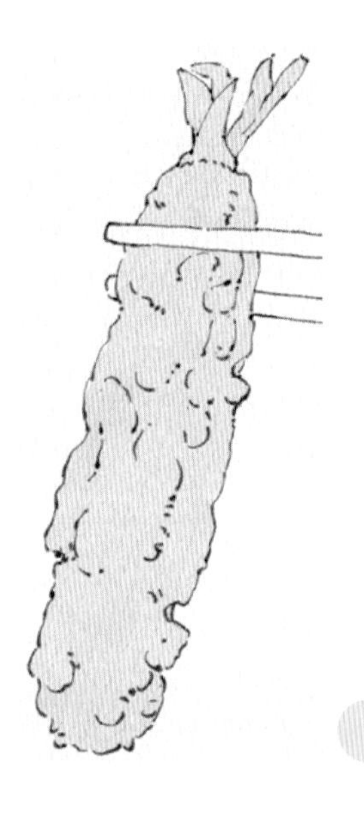

03 用“湿海绵笔刷”选更深一点的黄色和橘黄色，晕染加深炸虾暗面。

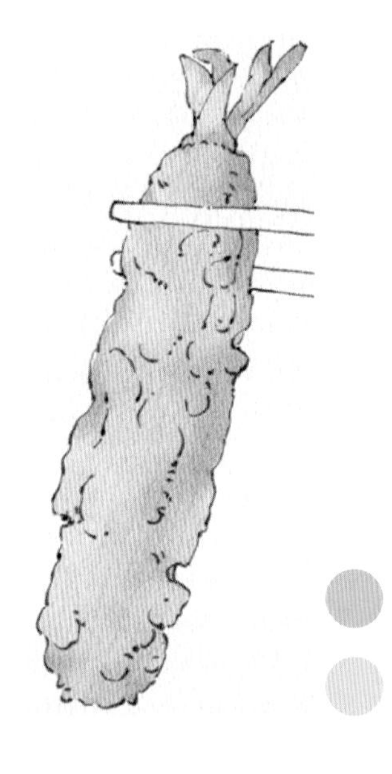

04 新建“正片叠底模式”图层“剪辑蒙版”，用“软湿边笔刷”选更深点的橘黄色，以小色块的形式平涂脆皮暗面，再用“涂抹工具”过渡部分边缘。

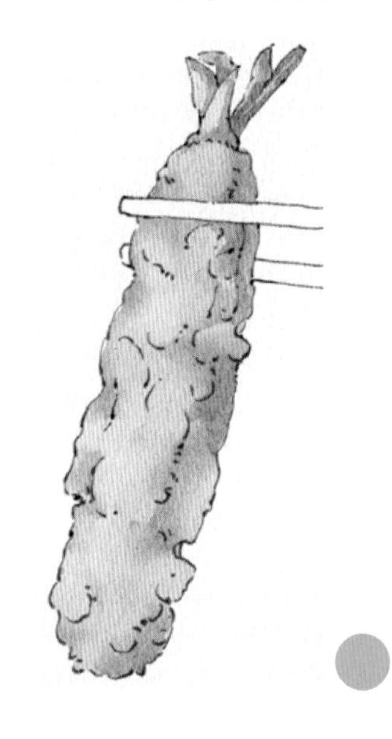

05 新建“正片叠底模式”图层“剪辑蒙版”，用“软湿边笔刷”选橘红色平涂虾尾，再选更红一点的颜色，用“湿海绵笔刷”晕染加深虾尾。

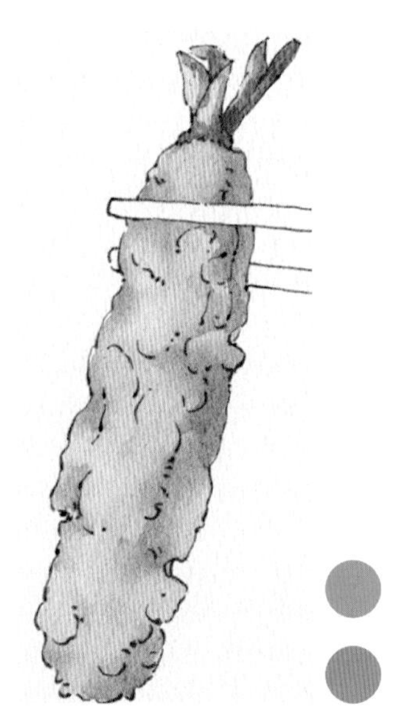

06 新建“正片叠底模式”图层“剪辑蒙版”，用“软湿边笔刷”选浅黄色平涂小色块，平涂出脆皮暗面，笔触一定要有大小区别。

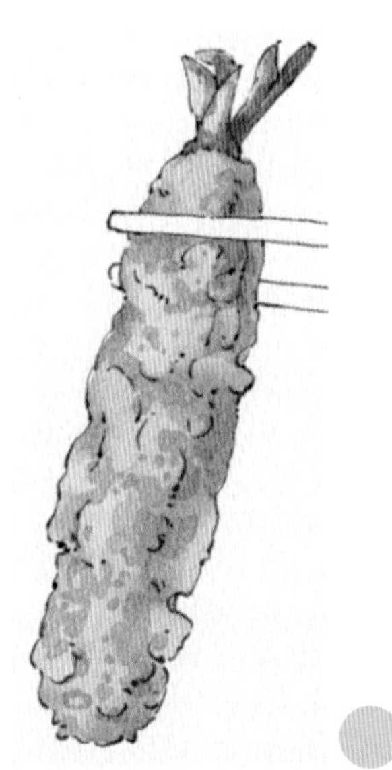

07 继续新建“正片叠底模式”图层“剪辑蒙版”，用橘粉色加深脆皮更深一点的位置，以及筷子在炸虾上的投影。

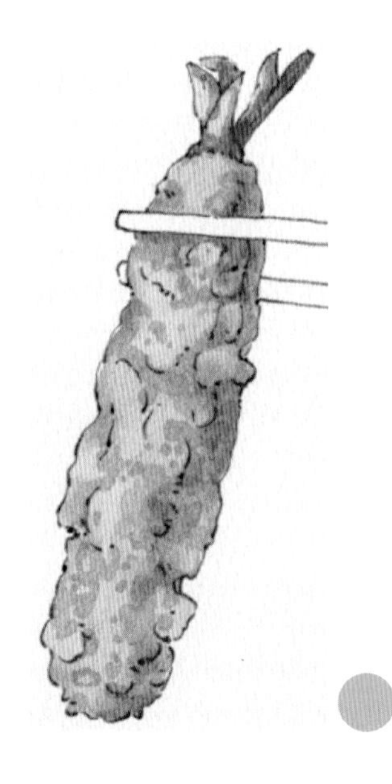

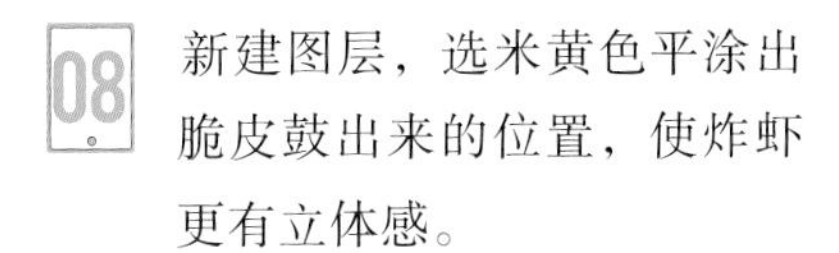

08 新建图层，选米黄色平涂出脆皮鼓出来的位置，使炸虾更有立体感。

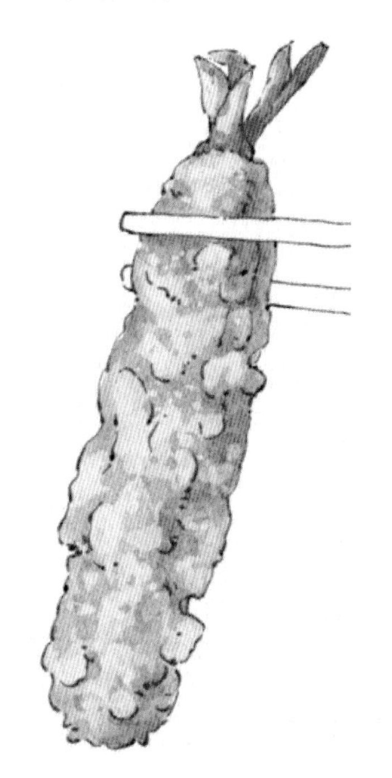

09 新建图层“剪辑蒙版”到筷子白底，用“浓湿边笔刷”选灰蓝色平涂筷子，再用“湿海绵笔刷”选一个浅棕色晕染筷子暗面，丰富色调。

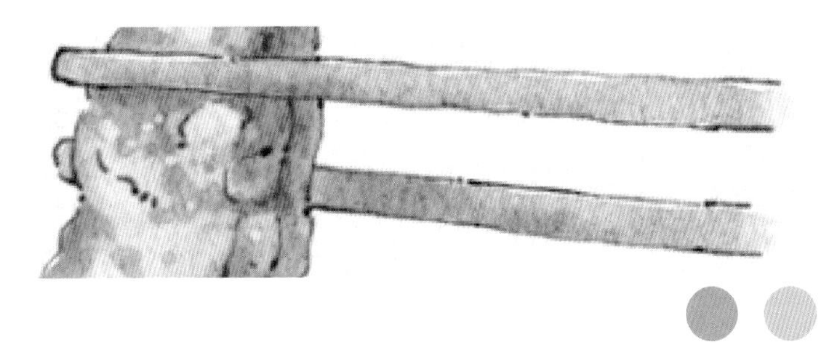

10 再新建“正片叠底模式”图层“剪辑蒙版”，用灰紫色把筷子暗面平涂出来让它立体化。

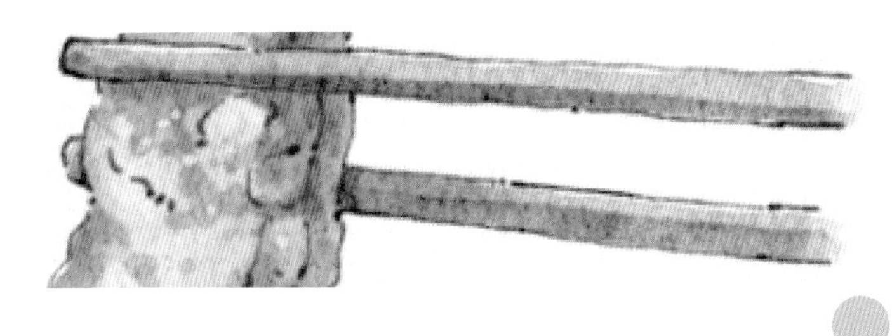

11 在“线稿图层”下方新建图层加高光，用“白墨笔刷”选白色，给炸虾以及筷子加上高光，注意炸虾的高光要有大有小。至此，炸虾就绘制完成了。

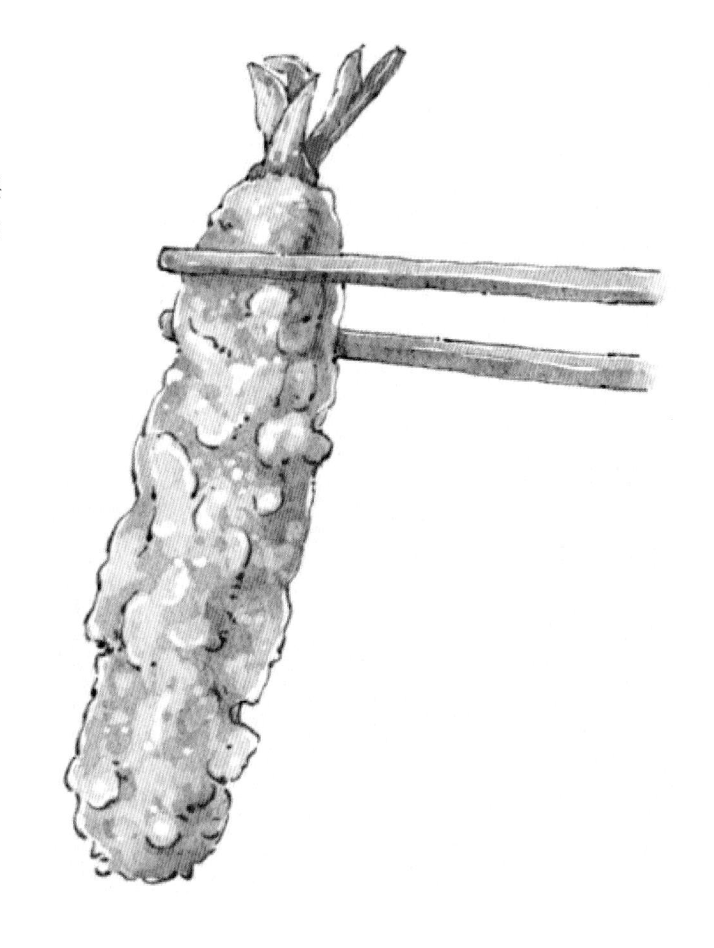

8.2 芝士白玉丸子

弹性软糯的白玉丸子和香浓的芝士片一起烤，一口一个超满足。

扫码观看视频

【线稿颜色】

【案例用色参考】

素材图

案例图

8.2.1 芝士白玉丸子草图

【草图重点】

虽然大部分丸子被芝士片挡住了，而且芝士片是柔软地贴着丸子，但绘制草图的时候还是要将丸子的结构刻画出来，再根据丸子的结构将芝士片加上，这样才自然和谐。

【草图步骤】

01 在“草图图层”用“铅笔笔刷”选黑色绘制草图。每一串有 4 个丸子，可以用 4 个椭圆加一根直线刻画出大概轮廓。丸子是比较软的，所以形状不会那么圆，需要用弧线重新把造型调整自然。

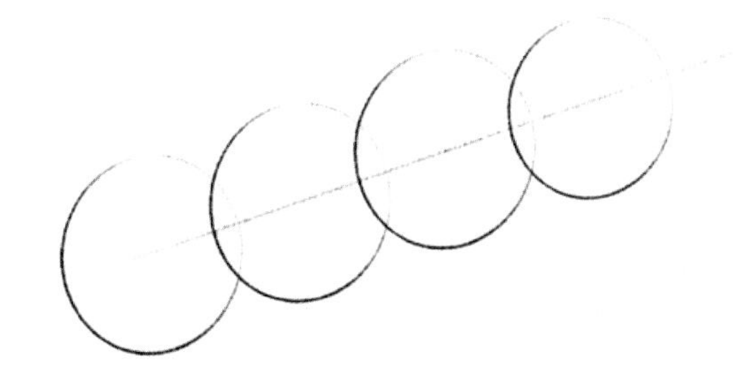

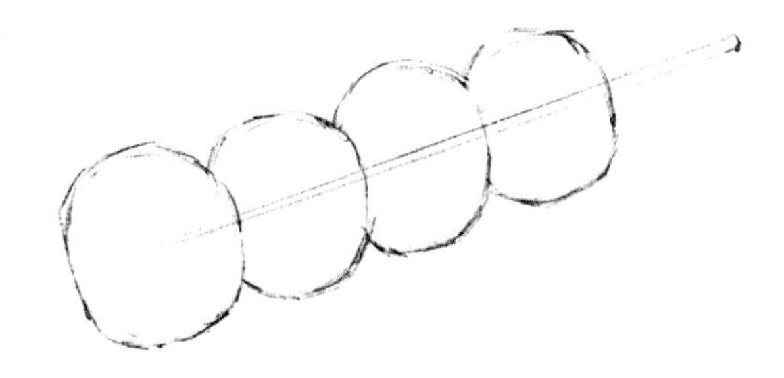

02 刻画好一串后复制一份移到后边调整好角度，丸子的造型就绘制好了。

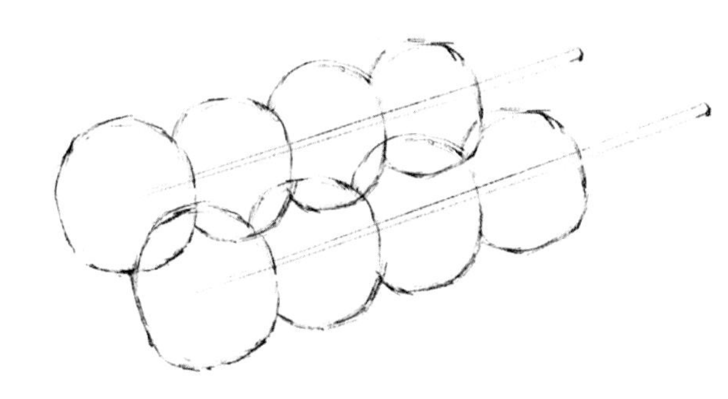

03 选红色，用弧线画出盖在丸子上的芝士片，注意凹陷的角度要与丸子一致。

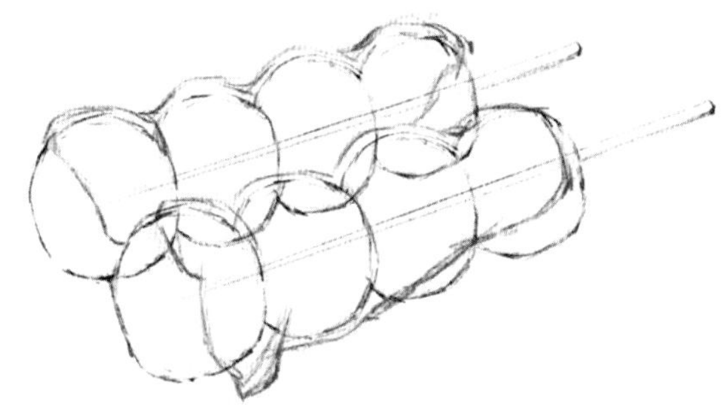

8.2.2 芝士白玉丸子线稿

【线稿步骤】

01 将“草图图层”不透明度降低，“线稿图层”模式改为“正片叠底”。

02 在“线稿图层”用“钢笔笔刷”选色卡里的棕色来绘制线稿。丸子是比较柔软的，刻画的线条也要尽量流畅、圆滑。芝士片的厚度以及凹陷的区域可以用短虚线概括出轮廓。

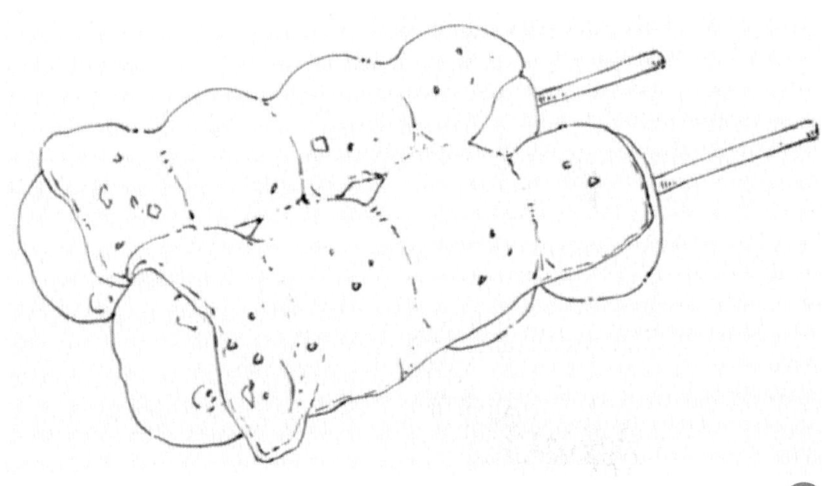

8.2.3 芝士白玉丸子上色

【上色重点】

给芝士片上色时，加深位置都需依据丸子结构来加深，凸的地方浅，凹的地方深。加芝士高光也需有深浅变化，才能表现出光滑质感。

【上色步骤】

01 在“线稿图层”下方新建两个图层，用“手绘”选取工具把丸子和芝士片分别选取出来并填充白色实底，方便后续用“剪辑蒙版”功能上色，使颜色涂不到线稿外。

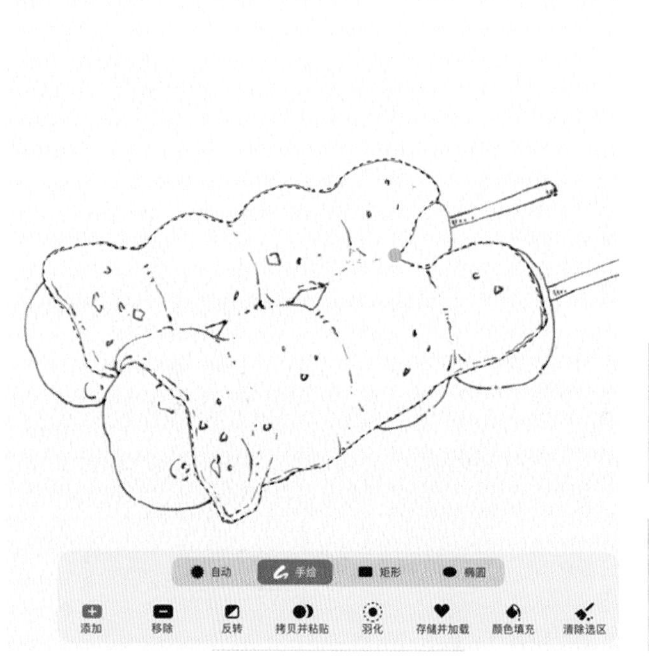

02

在丸子白底上新建图层“剪辑蒙版”，用“干水彩笔刷”选很浅的淡黄色平涂底色，再用“湿海绵笔刷”选浅黄色晕染加深暗面，橘黄色加深烤焦的区域。

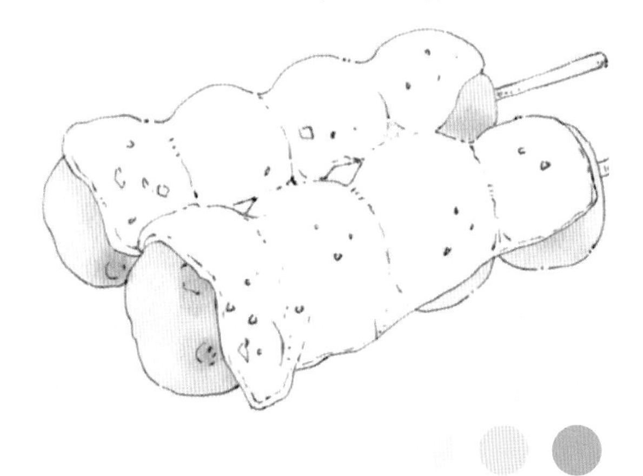

03

新建“正片叠底模式”图层“剪辑蒙版”，用“软湿边笔刷”选深点的黄色加深烤焦的部分，用“涂抹工具”过渡部分边缘，再选橘红色加深中间烤焦区域。

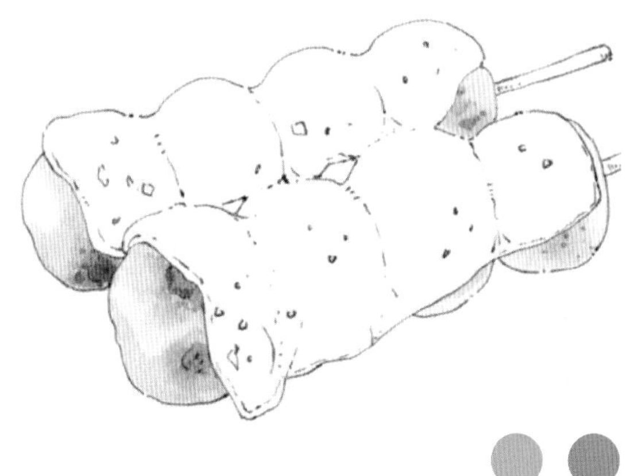

04

新建“正片叠底模式”图层“剪辑蒙版”，用“软湿边笔刷”选灰紫色平涂出芝士片在丸子上面的投影。

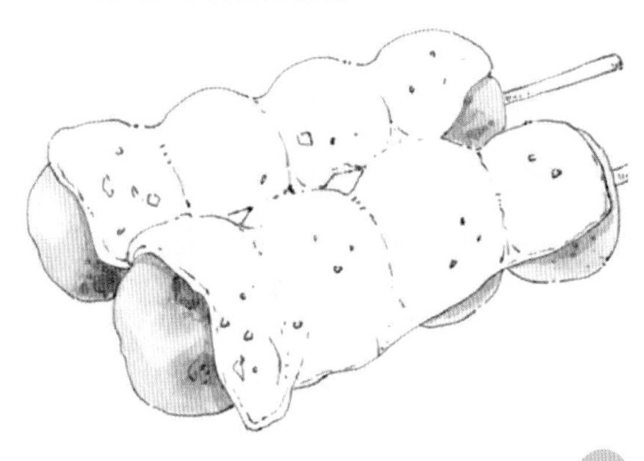

05

新建图层“剪辑蒙版”到芝士白底，用“浓湿边笔刷”选黄色平涂芝士，用“湿海绵笔刷”选浅黄色，提亮丸子鼓出来的亮面。

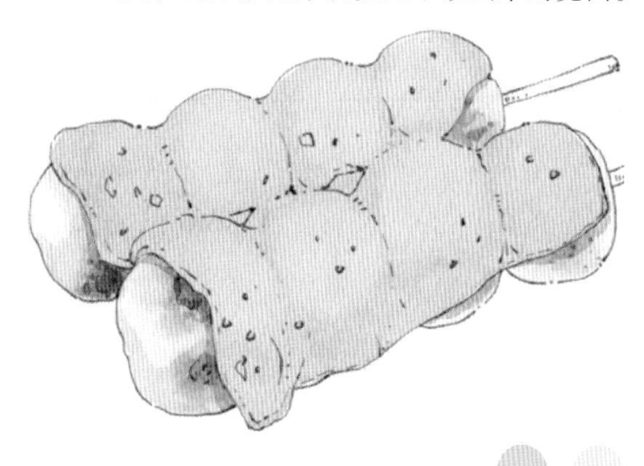

06

芝士颜色不够深，所以把图层复制了一份，模式改为“正片叠底”，加深颜色。

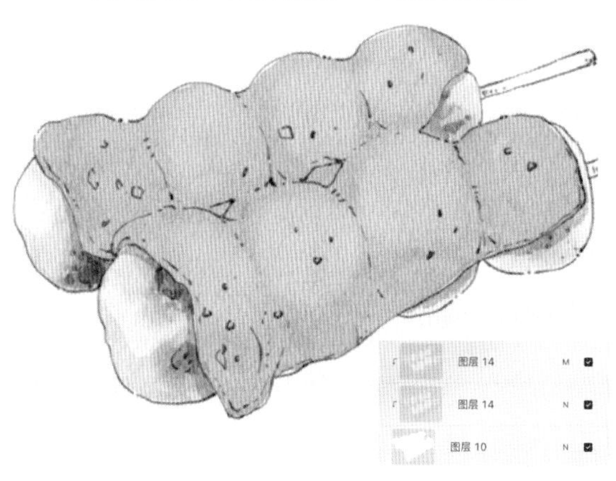

07

新建图层，用“湿海绵笔刷”选更深一点的黄色，晕染加深芝士凹陷部分的暗面。

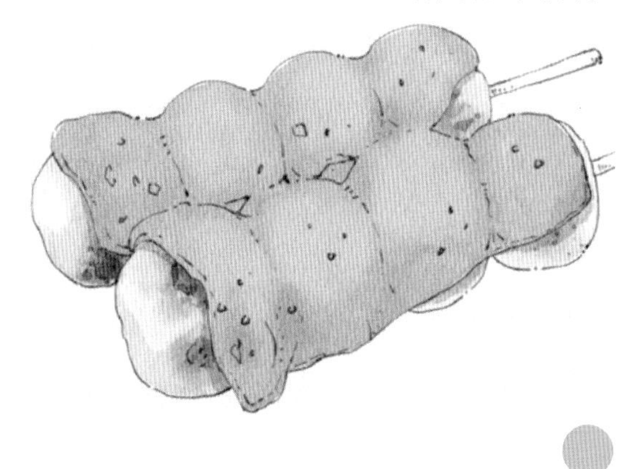

08 新建“正片叠底模式”图层“剪辑蒙版”，用“软湿边笔刷”颜色不变，平涂色块加深暗面，再选橘黄色平涂加深中间凹陷区域，用“涂抹工具”过渡部分边缘。

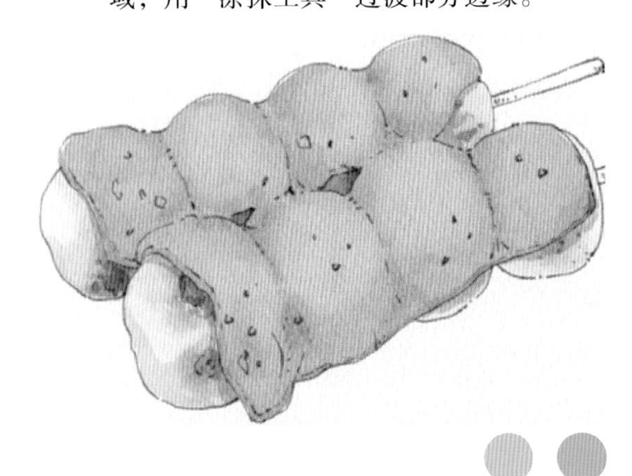

09 新建图层，用“软湿边笔刷”选黄棕色平涂出竹签。再新建“正片叠底模式”图层，用同样的颜色加深竹签暗面。

10 新建图层，用“小墨点笔刷”选绿色，给芝士涂上调料粉效果。

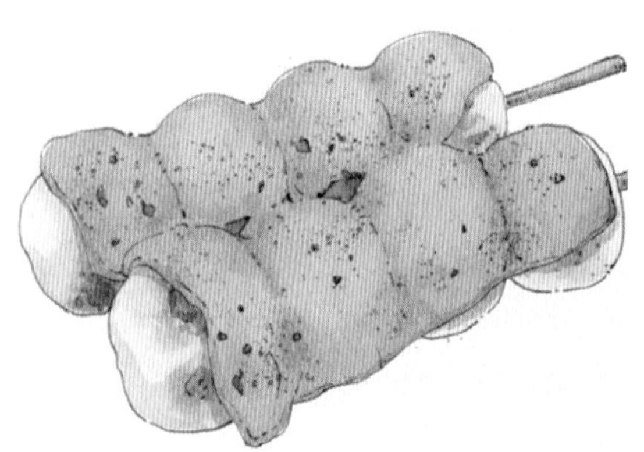

11 在“线稿图层”下方新建图层，用“白墨笔刷”选白色加高光，先加上最亮的高光，再将笔刷不透明度降低晕染出不太明显的高光，营造光滑质感。

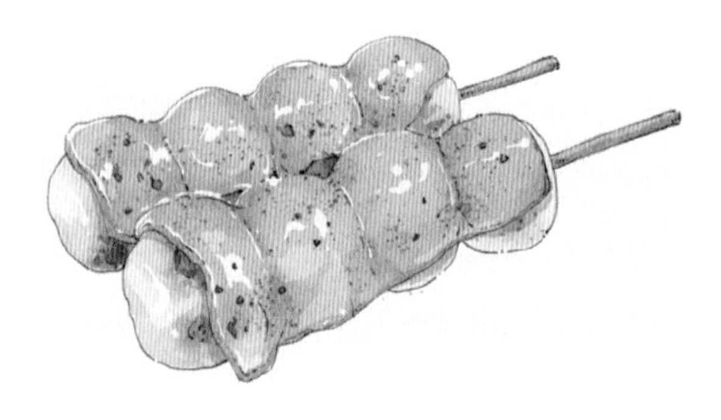

12 在最下方新建图层，用“软湿边笔刷”选灰蓝色平涂出整体的投影，用“涂抹工具”过渡部分边缘。再“阿尔法锁定”图层，用“湿海绵笔刷”在投影边缘混入一点浅黄色。至此，完成芝士白玉丸子的绘制。

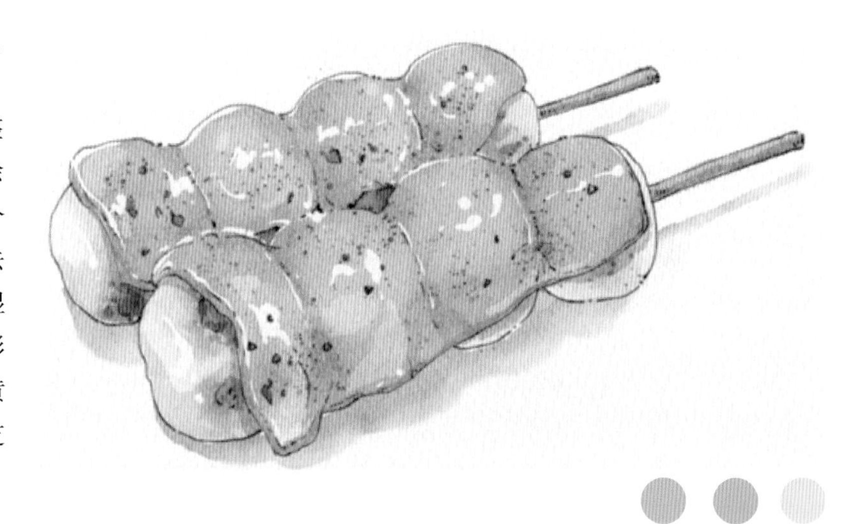

8.3 烤鸡腿

新买了烤箱，尝试在家做简单的烤鸡腿，外皮烤得焦黄香脆，内里肉质鲜嫩多汁，超有食欲。

扫码观看视频

【线稿颜色】

【案例用色参考】

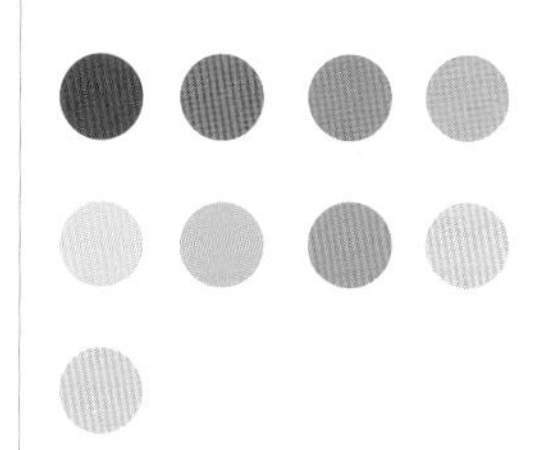

素材图

案例图

有关烤鸡腿草图、烤鸡腿线稿以及烤鸡腿上色的内容，请扫描右侧的二维码下载 PDF 文件进行学习。

8.4 牛肉拌面

扫码观看视频

每次路过小区门口的这家手工拉面馆，总被牛肉汤的香气吸引，忍不住进去吃一碗飘香四溢的拌面。

【线稿颜色】

【案例用色参考】

素材图

案例图

有关牛肉拌面草图、牛肉拌面线稿以及牛肉拌面上色的内容，请扫描右侧的二维码下载 PDF 文件进行学习。

8.5　红油馄饨

扫码观看视频

用上海的大馄饨做了一碗简单快手的红油馄饨，加点醋，撒上葱花芝麻，又香又辣又开胃。

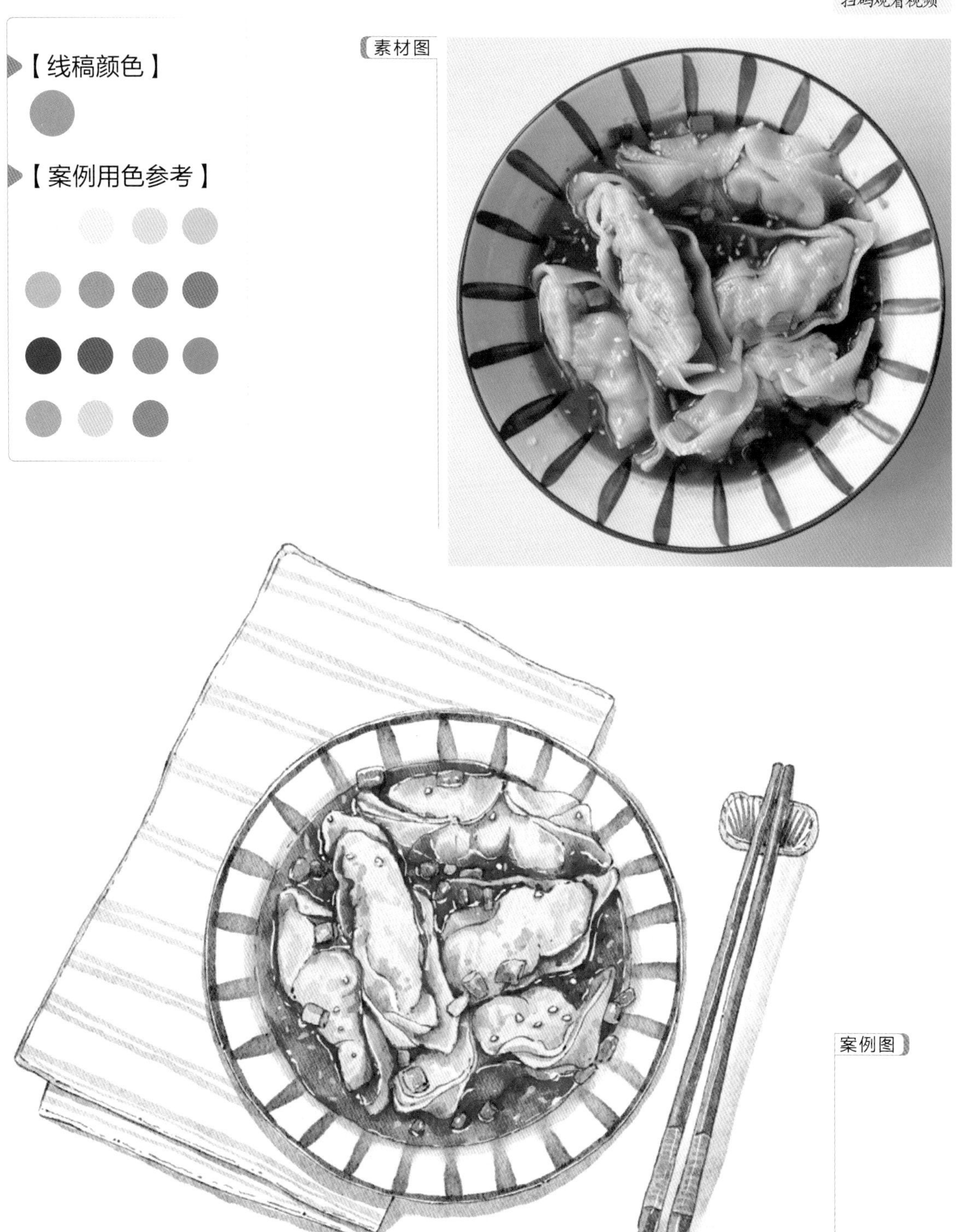

8.5.1 红油馄饨草图

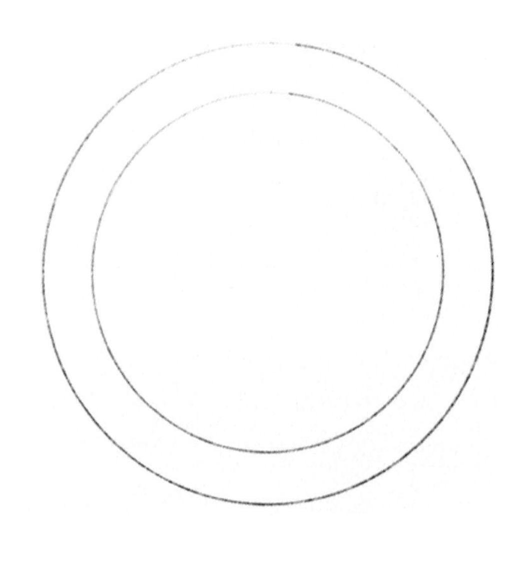

【草图重点】

为了让整体更丰富，增加了筷子和餐布。整体是俯视的角度，所以盘子看着是圆形的，注意餐布是叠得不规整错开的，且馄饨质感是柔软的，褶皱较多。

【草图步骤】

01 在“草图图层”用“铅笔笔刷”选黑色绘制草图。用两个圆刻画出盘子和汤的大小。

02 用直线刻画出餐布和筷子，再在筷子下加上筷托。

03 用弧线刻画出馄饨形状，用红色刻画出葱花。

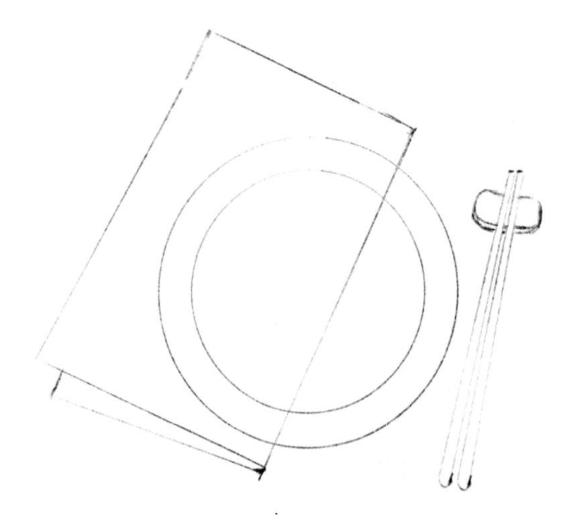

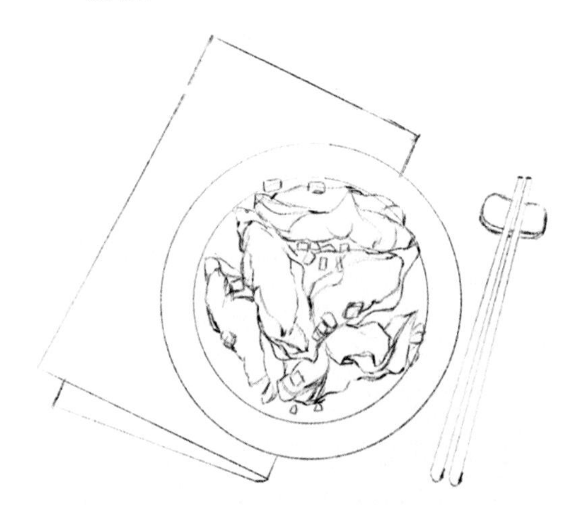

8.5.2 红油馄饨线稿

【线稿步骤】

01 将“草图图层”不透明度降低，“线稿图层”模式改为“正片叠底”。

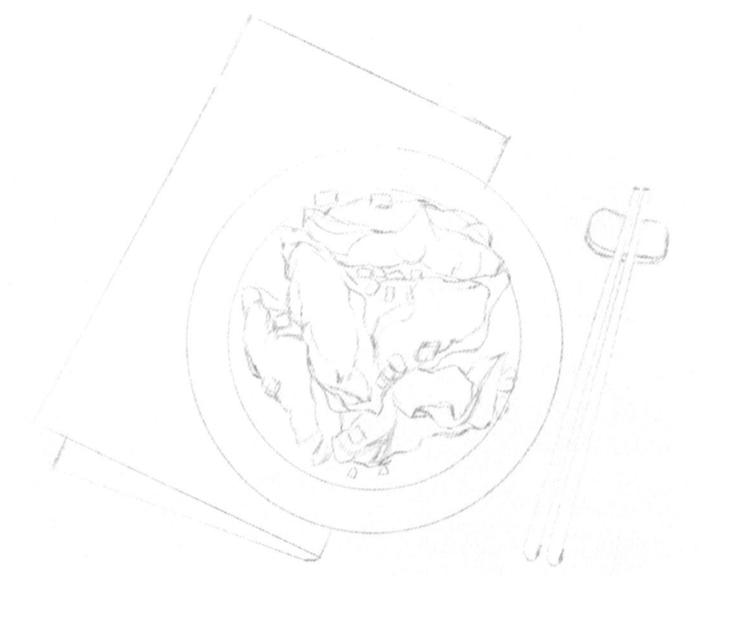

02 在“线稿图层”用“钢笔笔刷”选色卡里的棕色来绘制线稿。餐布和馄饨是柔软的，绘制的时候，线条要柔软流畅些，芝麻比较小，可以在馄饨上简单涂几颗就够了。线稿完成后需隐藏“草图图层”。

8.5.3 红油馄饨上色

【上色重点】

红油浅的地方是有些偏黄的，绘制的时候可适当混入黄色，丰富色调，增加食欲。高光是表现油质感的重要方式，需着重刻画。

【上色步骤】

01 在“线稿图层”下方新建三个图层，用“手绘”选取工具将盘子、餐布、筷子选取并填充白色实底，方便后续用“剪辑蒙版”功能上色，使颜色涂不到线稿外。

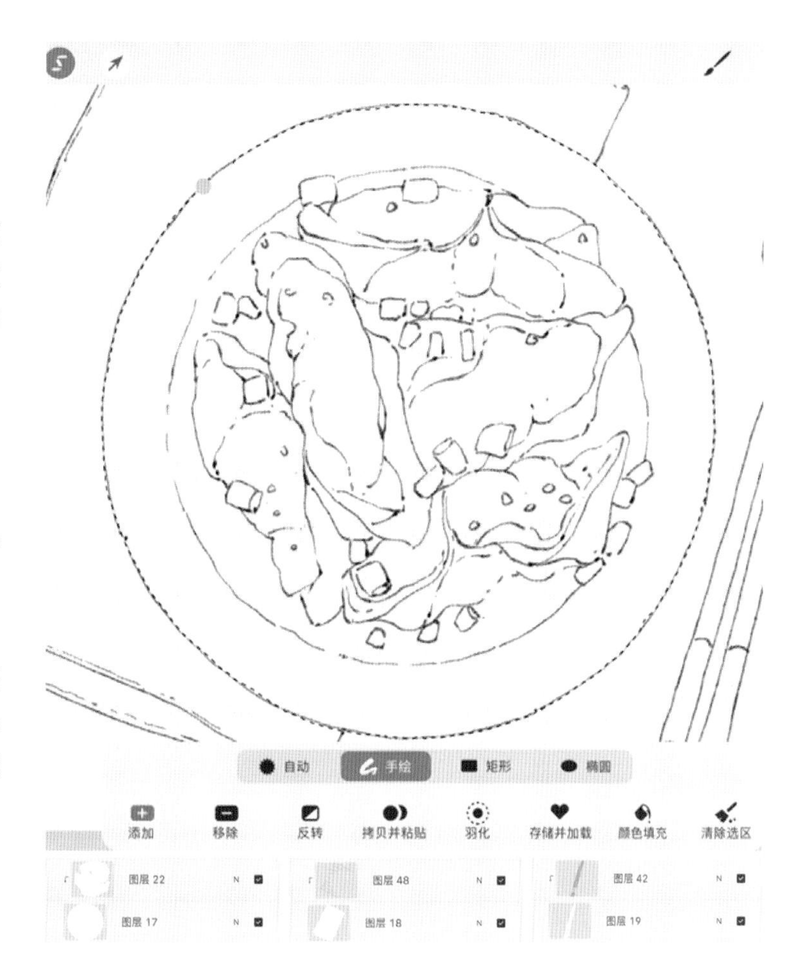

02 新建图层“剪辑蒙版”到盘子白底，用“干水彩笔刷”选淡黄色平涂馄饨，用“湿海绵笔刷”选浅橘黄色加深暗面。

03 新建图层“剪辑蒙版”，用“浓湿边笔刷”选浅黄色和浅橘黄色平涂加深馄饨暗面。

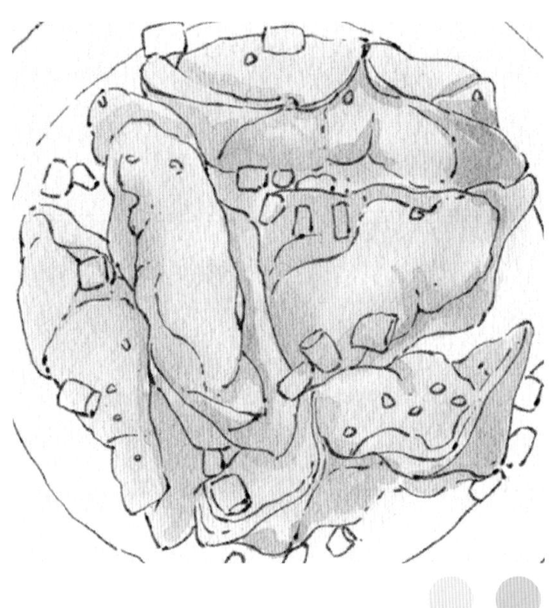

04 新建“正片叠底模式”图层“剪辑蒙版”，继续用“浓湿边笔刷”选更深一点的黄色加深馄饨。

05 新建“正片叠底模式”图层“剪辑蒙版”，用“软湿边笔刷”选橘红色平涂馄饨边缘的红油，再用“涂抹工具”过渡边缘。

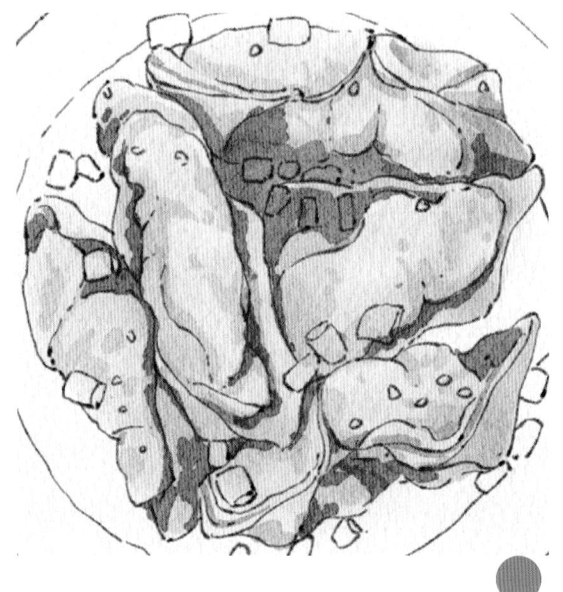

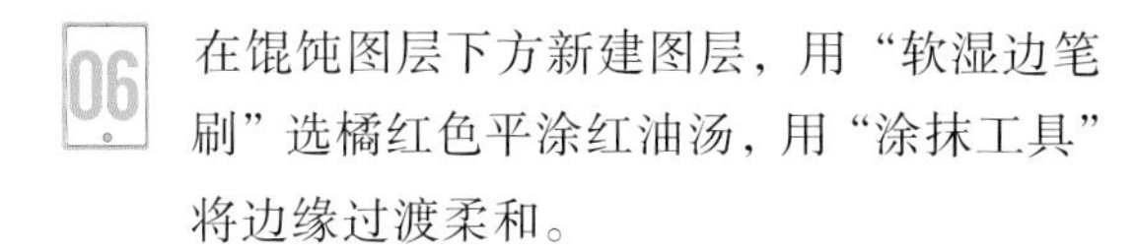

06 在馄饨图层下方新建图层，用“软湿边笔刷”选橘红色平涂红油汤，用“涂抹工具”将边缘过渡柔和。

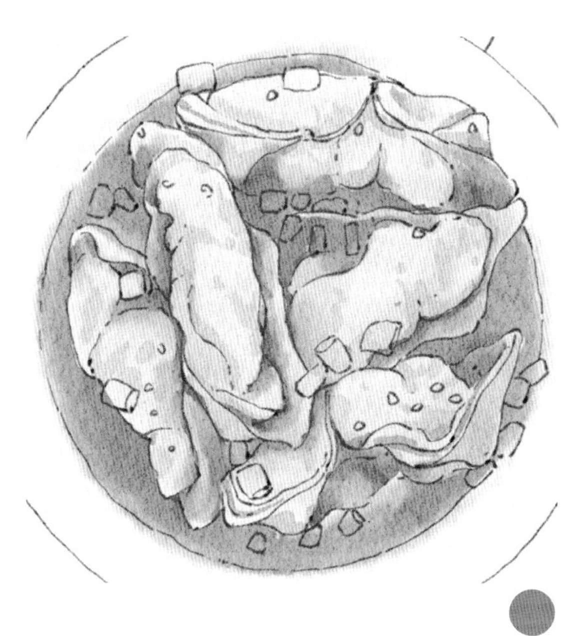

07 新建“正片叠底模式”图层“剪辑蒙版”，用“软湿边笔刷”选橘黄色平涂加深红油边缘，再用“涂抹工具”过渡边缘。

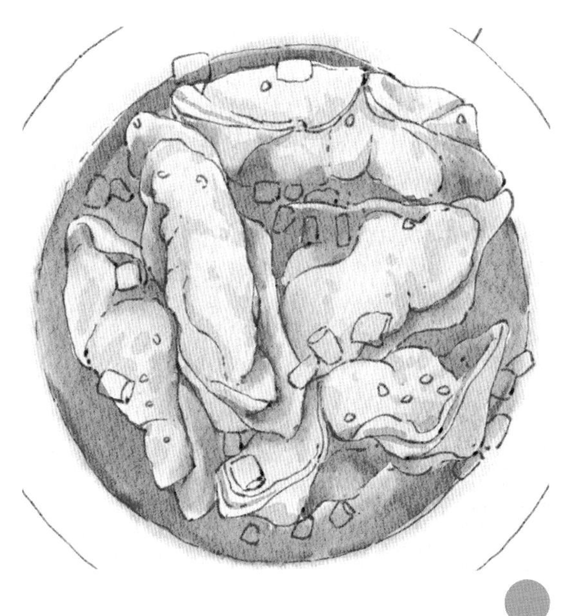

08 新建“正片叠底模式”图层“剪辑蒙版”，用“浓湿边笔刷”选浅橘红色和橘黄色，平涂浅色红油和葱花、芝麻的投影，选橘红色平涂加深馄饨边红油，再用“涂抹工具”过渡边缘。

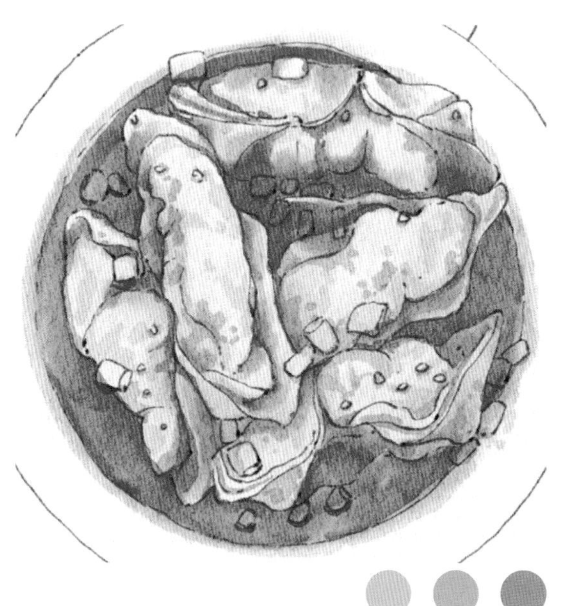

09 新建“正片叠底模式”图层“剪辑蒙版”，用“干水彩笔刷”选深红色平涂加深红油暗面，再用“涂抹工具”过渡边缘。

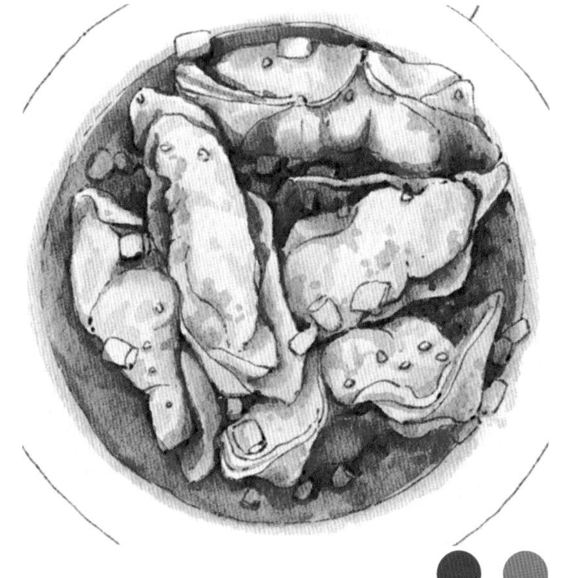

10 新建图层，用“白墨笔刷”选浅绿色平涂出葱花，再用“橡皮擦工具”选“湿海绵笔刷”擦浅泡在汤汁里的部分，新建“正片叠底模式”图层“剪辑蒙版”，用“干水彩笔刷”选绿色将葱花暗面平涂加深。

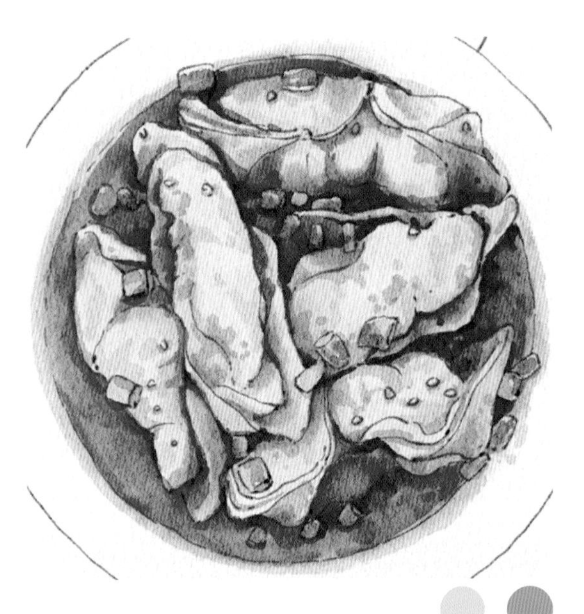

11 新建图层“剪辑蒙版”到碗白底，用“浓湿边笔刷”选灰点的蓝色和棕色刻画出碗花纹。可以只刻画一半花纹，将它复制一份，再垂直翻转调整位置，这样更便捷。

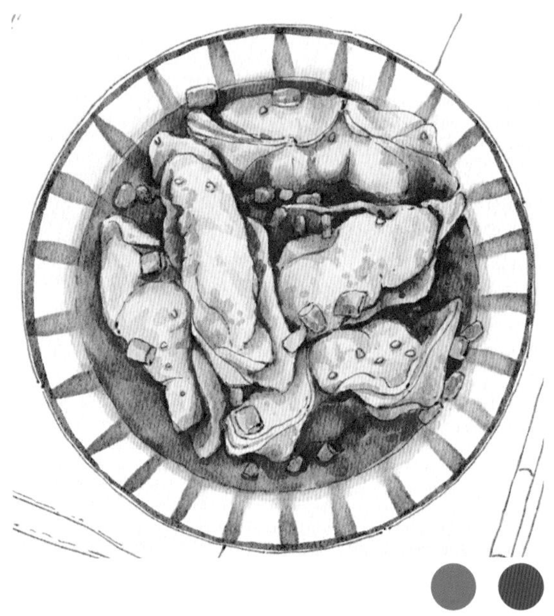

12 新建图层“剪辑蒙版”到筷子白底，用“干水彩笔刷”选浅棕色和黄色平涂，新建“正片叠底模式”图层，用同样的颜色加深筷子暗面。

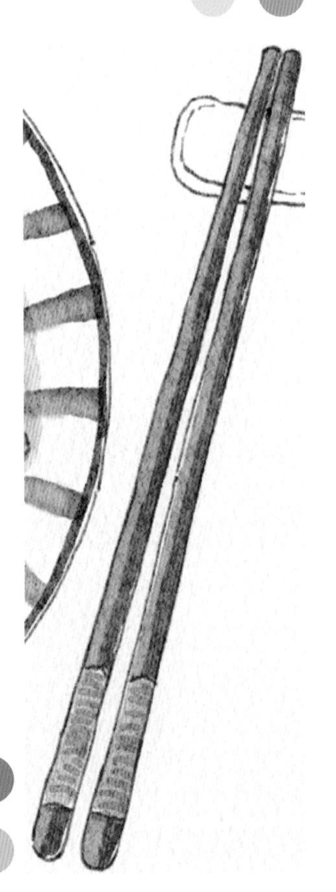

13 在筷子下方新建图层，用“干水彩笔刷”选灰蓝色平涂出筷子托暗面，灰紫色刻画出图案。新建图层“剪辑蒙版”到餐布白底，选浅蓝色刻画出条纹。

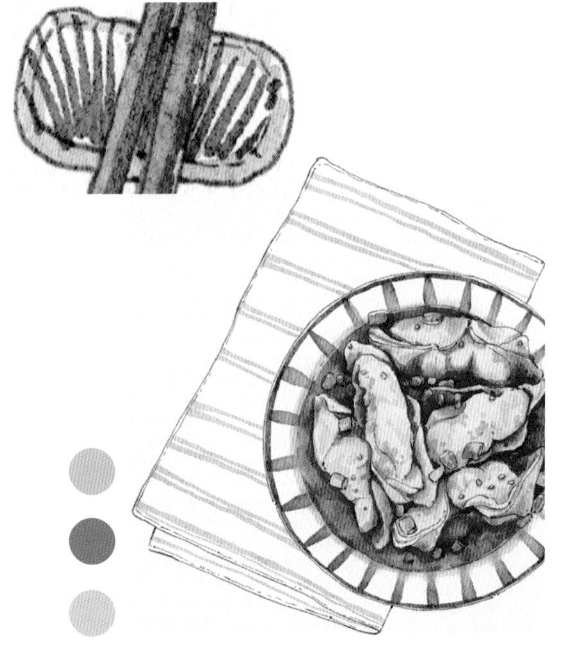

14 新建“正片叠底模式”图层，用“干水彩笔刷”选深点的灰蓝色平涂碗、筷子、餐布的投影，“阿尔法锁定”图层，在筷子左边混入浅黄色，再用“涂抹工具”过渡筷子投影边缘。

15 在“线稿图层”下方新建图层加高光，用“白墨笔刷”选白色，将馄饨的高光加上，红油高光需沿着馄饨边缘涂，降低笔刷不透明度选米色，用小点点涂出汤汁里的芝麻。至此，红油馄饨就绘制完成了。

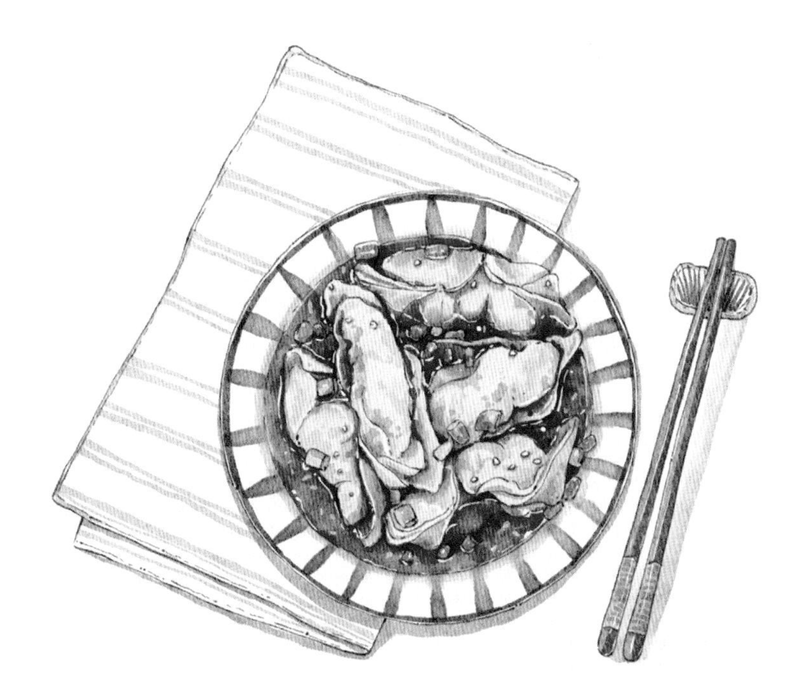

第9章

暖系淡彩萌宠动物

9.1 猫咪与桃子

扫码观看视频

准备搬家收拾东西，翻到一年前给猫咪买的伊丽莎白圈，给它戴上试了试，结果一脸呆样，特别萌。

【线稿颜色】

【案例用色参考】

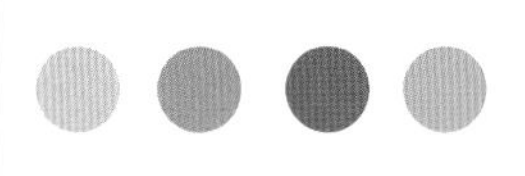

素材图

案例图

9.1.1 猫咪与桃子草图

【草图笔刷】

【草图重点】

想要将猫咪画得可爱，那么脸和眼睛需画圆些、大些。

【草图步骤】

01 在“草图图层”用“铅笔笔刷”选黑色绘制草图。用弧线简单刻画出猫咪和头套主体，再在猫咪头顶绘制一颗桃子。

02 用直线框住猫咪绘制范围，再把头套图案和背景图案都加上。

9.1.2 猫咪与桃子线稿

【线稿笔刷】

【线稿步骤】

01 把“草图图层”不透明度降低，“线稿图层”模式改为“正片叠底”。

02 在“线稿图层”用“钢笔笔刷”选色卡里的棕色来绘制线稿。先把边框画出来，接着刻画猫咪，注意毛发部分可以用长短不一的小短线表现出来，营造毛绒质感。线稿完成后需隐藏“草图图层”。

9.1.3 猫咪与桃子上色

【上色笔刷】

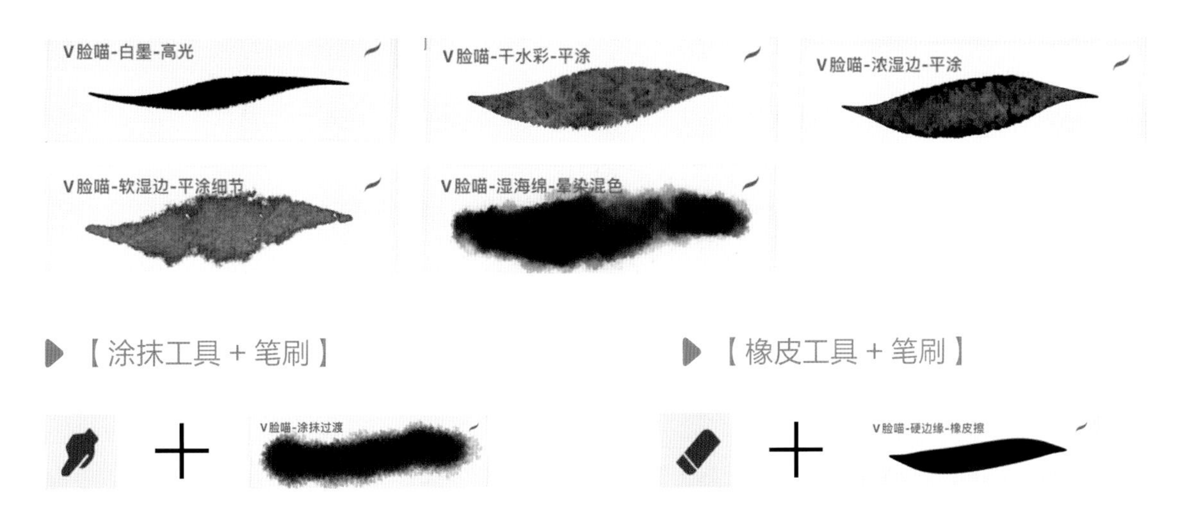

【图层用到功能】

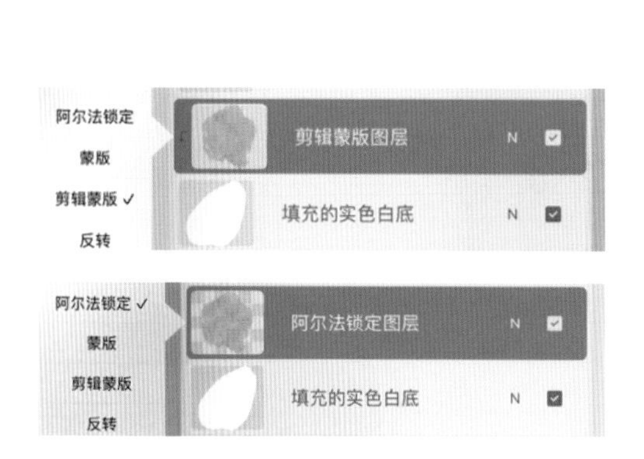

【常用综合色卡】

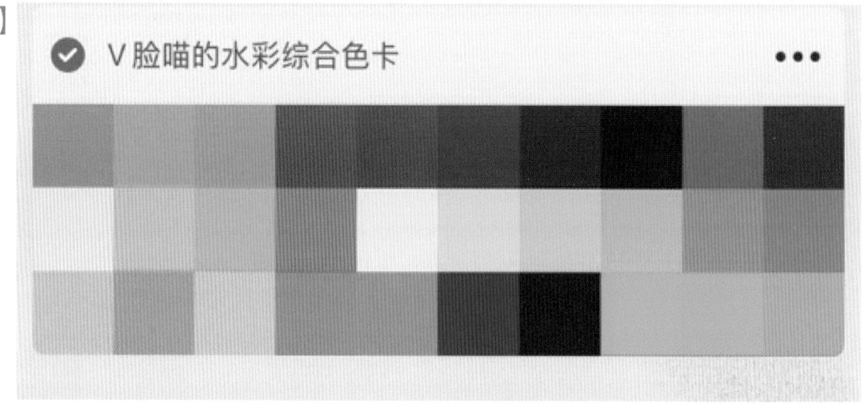

【上色重点】

猫咪柔软的毛发是绘制的难点，可以用细小笔触平涂，绘制的时候要有粗细变化，注意毛发要刻画得根部粗尖部细。

【上色步骤】

01 在“线稿图层”下方新建两个图层，用“干水彩笔刷”选黄色和粉色，平涂眼睛和嘴巴。

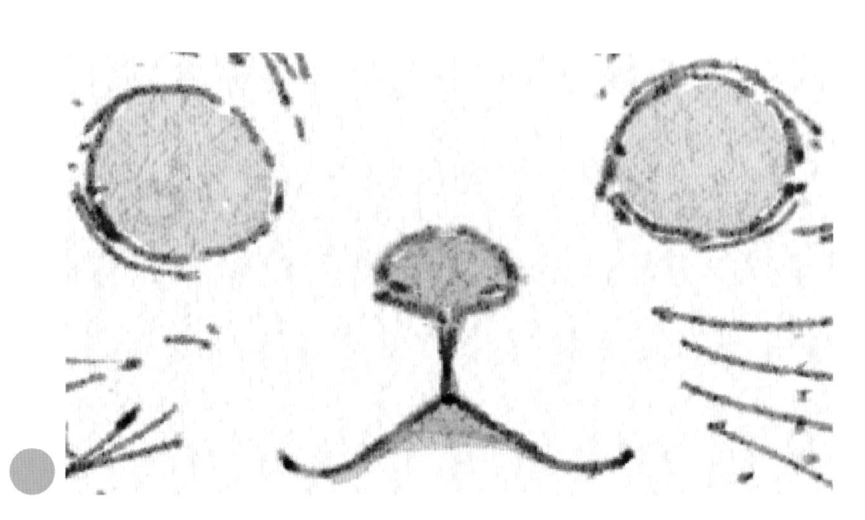

02 新建“正片叠底模式”图层，用“浓湿边笔刷”选红棕色，画出瞳孔和眼线，深棕色加深瞳孔，土黄色画出眼球投影，粉色加深嘴巴。再新建图层，用“白墨笔刷”选白色，给眼睛和鼻子加上高光。

03 在眼睛下方新建图层，用“浓湿边笔刷”选浅灰紫，平涂加深猫咪毛发暗面，再用“涂抹工具”过渡色块边缘，用“湿海绵笔刷”选粉色晕染出脸部和耳朵红晕。

04 在眼睛上方新建“正片叠底模式”图层，用“软湿边笔刷”选灰蓝色，以小笔触的形式平涂脸部毛发。

05 新建“正片叠底模式”图层，用“软湿边笔刷”选深点的灰蓝色，以小笔触的形式加深深色毛发，浅灰蓝色加深白色毛发，注意笔触要根部粗尖部细。

06 在猫咪下方新建图层，用“手绘”选取工具把伊丽莎白圈框选出来并填充白色实底。再新建图层“剪辑蒙版”，用“干水彩笔刷”选浅粉色平涂底色。

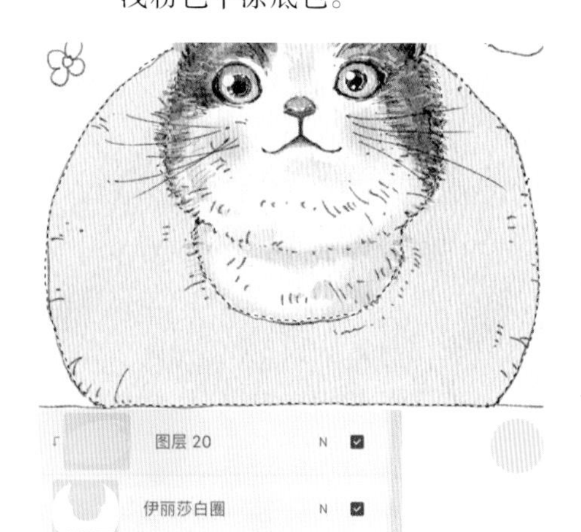

07 新建图层“剪辑蒙版”，用“干水彩笔刷”选粉色和橘黄色平涂爱心图案，颜色浅的地方可降低笔刷不透明度平涂，图案要有大有小且方向不一。

08 继续新建“正片叠底模式”图层“剪辑蒙版”，用“干水彩笔刷”选深粉色、绿色丰富图案，选浅粉色平涂头套暗面，灰紫色晕染出猫咪投影。

09 新建图层，用“干水彩笔刷”选粉色和绿色平涂桃子，花朵选蓝色和黄色平涂，“阿尔法锁定”图层，再用“湿海绵笔刷”选浅黄色晕染桃子。

10 新建“正片叠底模式”图层，用“干水彩笔刷”选粉色和绿色，加深桃子和叶子。

11. 在最下方新建图层，用“干水彩笔刷”选浅黄色平涂一半背景，最后在“线稿图层”下方新建图层，用“白墨笔刷”选白色，给猫咪、头套和桃子加上高光。笔刷调小，画出猫咪白毛。至此，猫咪与桃子绘制完成。

9.2　鸭子与向日葵

扫码观看视频

在上海路边的一个窗户拍到的一组鸭子摆件，觉得特别有趣，像是一家三口去向日葵花园玩耍度假的感觉。

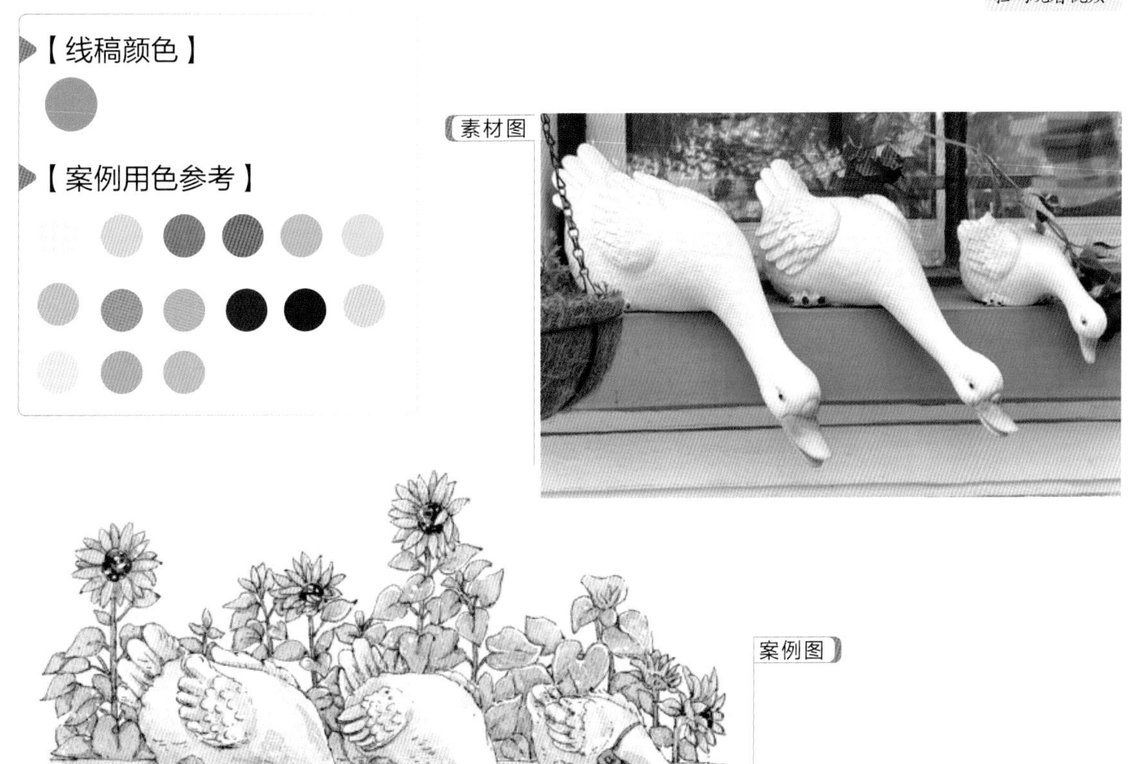

9.2.1 鸭子与向日葵草图

【草图重点】

三只鸭子都是站着伸脖子朝下的姿势，每只的角度和形态都有区别，绘制的时候需要区分。向日葵的每朵花形状也都是不一样的。

【草图步骤】

01 在“草图图层”用“铅笔笔刷”选黑色绘制草图。先用直线刻画出墙面的角度，再用弧线将第一只鸭子刻画出来。

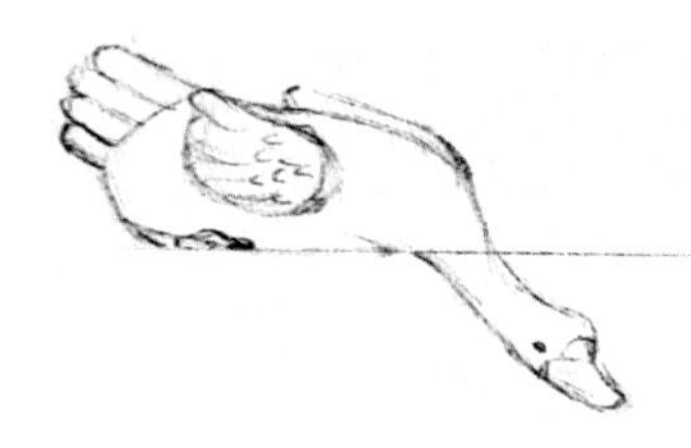

02 每只鸭子大小都不一样，脖子的长度也不一样，刻画的时候需注意角度。

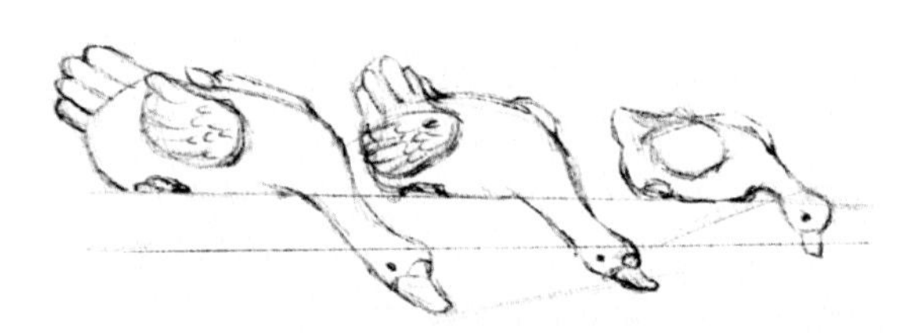

03 鸭子绘制完成后再刻画向日葵，向日葵只需刻画出大概位置和高度即可。

9.2.2 鸭子与向日葵线稿

【线稿步骤】

01 将“草图图层”不透明度降低，“线稿图层”模式改为“正片叠底”。

02. 在“线稿图层”用“钢笔笔刷”选色卡里的棕色来绘制线稿。先刻画鸭子主体，身上的毛用短虚线概括即可，再给每只鸭子加上配饰，使它们看起来更像一家三口。最后把向日葵加上。线稿完成后需隐藏“草图图层”。

9.2.3 鸭子与向日葵上色

【上色重点】

鸭子虽然是白毛，但绘制的时候可以用灰蓝色给暗面上色，让它更有立体感。

【上色步骤】

01. 在“线稿图层”下方新建图层，用“干水彩笔刷”选浅灰蓝色平涂鸭子暗面，选浅黄色平涂混色，再用“涂抹工具”过渡柔和。

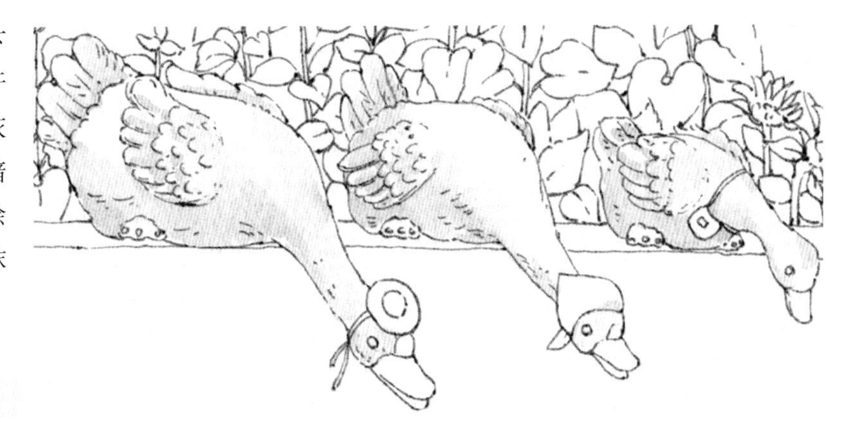

02 新建“正片叠底模式”图层，用“干水彩笔刷”选浅灰蓝色加深鸭子暗面，选黄色、橘红色、深红棕色、浅蓝色、红色、粉色平涂鸭子细节。再新建“正片叠底模式”图层，用同样的颜色加深帽子、头巾、包包暗面。

03 新建图层，用“干水彩笔刷”选绿色平涂向日葵叶子，“阿尔法锁定”图层，用“湿海绵笔刷”选蓝绿色晕染叶子暗面，黄绿色提亮，再混入浅蓝色和粉色，丰富色调。

04 新建“正片叠底模式”图层，用“软湿边笔刷”选绿色加深叶子暗面，用“涂抹工具”过渡部分边缘。

05 新建图层，用“干水彩笔刷”选黄色平涂向日葵花瓣，深红棕色平涂花蕊。再新建“正片叠底模式”图层，用“软湿边笔刷”选深红棕色和橘黄色，加深花朵暗面。

06 在鸭子下方新建图层，用“手绘”选取工具把鸭子框选出来，填充白色实底，方便后续墙壁上色，使颜色不影响鸭子的效果。

07 在下方新建图层，用“干水彩笔刷”选灰紫色平涂墙面，“阿尔法锁定”图层，用“湿海绵笔刷”选浅灰紫色、浅灰蓝色、浅黄色、粉色晕染混色。

08 把图层复制一份，模式调整为“正片叠底”，用“橡皮擦工具”选“硬边缘笔刷”将上边墙面擦出来，再用“湿海绵笔刷”将底部边缘擦浅。

09 新建“正片叠底模式”图层，用“干水彩笔刷”选深灰蓝色，画出三只鸭子在墙面的投影，用“涂抹工具”过渡投影边缘。

10 用“大墨点笔刷”选浅蓝色、灰蓝色、灰紫色涂墨点，再用“小墨点笔刷”涂一些细碎的墨点，丰富墙面。

11 在最上方新建图层，用“白墨笔刷”选白色给整体加上高光，再用“小墨点笔刷”涂一些白点高光。至此，鸭子与向日葵绘制完成。

9.3 兔子与郁金香

扫码观看视频

一直很喜欢郁金香，所以把兔子和郁金香组合在一起，加上编织篮和气球，春日野餐氛围感就出来了。

【线稿颜色】

【案例用色参考】

素材图

案例图

9.3.1 兔子与郁金香草图

【草图重点】

兔子挡住了部分篮子，绘制的时候先画兔子再画篮子及篮子里的东西。

【草图步骤】

01 在“草图图层”用“铅笔笔刷”选黑色绘制草图。用弧线简单刻画出兔子，兔子身体可以表现得胖点，会显得更可爱。

02 用直线简单画出篮子结构，篮子角度是往左倾斜的，绘制的时候，篮子和提手倾斜角度要一致。

03 篮子绘制完成后调整篮子里的花束和包装纸，花改为郁金香，注意每朵花高度都不一致。最后再把气球简单刻画出来就可以了。

9.3.2 兔子与郁金香线稿

【线稿步骤】

01 将“草图图层”不透明度降低，“线稿图层”模式改为“正片叠底”。

02 在“线稿图层”用“钢笔笔刷”选色卡里的棕色来绘制线稿。兔子用长短不一的短线刻画出毛绒质感。篮子用一排一排的短线组合一起刻画出编织条。线稿完成后需隐藏“草图图层”。

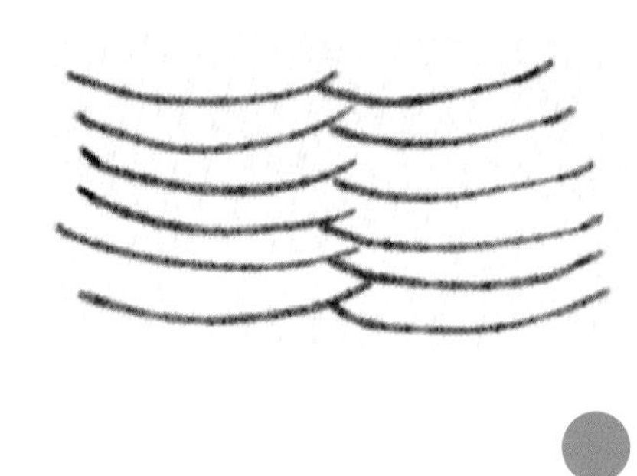

9.3.3 兔子与郁金香上色

【上色重点】

白色的兔子，依旧用灰蓝色涂出暗面增加立体感，篮子的线稿很细致了，所以简单涂出篮子暗面就能表达出质感。

【上色步骤】

01 在“线稿图层”下方新建图层，用“干水彩笔刷”选浅灰蓝色平涂兔子暗面，选浅粉色平涂耳朵和后脚，再用“涂抹工具”过渡边缘。

02 新建“正片叠底模式”图层，用“软湿边笔刷”选暗红色点涂兔子眼睛，选浅灰紫色、浅粉色平涂小笔触，加深兔子毛发的暗面，再用“涂抹工具”过渡边缘。

03 新建图层，用“干水彩笔刷”选浅棕色、红色平涂篮子，“阿尔法锁定”图层，再用浅黄色晕染编织篮盖子。

04 新建“正片叠底模式”图层，用“软湿边笔刷”选黄棕色平涂篮子编织条，翻盖位置用深一点的黄棕色平涂加深，用少量深点的棕色加深编织条之间。

05 新建图层，用“干水彩笔刷”选浅灰蓝色平涂丝带暗面，选浅黄色平涂包装纸，再“阿尔法锁定”图层，用“湿海绵笔刷”在包装纸暗面混入浅蓝色。

06 新建图层，用“干水彩笔刷”选粉色和绿色平涂郁金香，用“涂抹工具”过渡花朵，“阿尔法锁定”图层，再用“湿海绵笔刷”在暗面混入浅紫色和浅蓝色晕染。

07 新建“正片叠底模式”图层，用“干水彩笔刷”选绿色、粉色、黄色加深花束暗面。

08 新建图层，用“干水彩笔刷”选粉色和黄色平涂气球，“阿尔法锁定”图层，再用“湿海绵笔刷”将粉色气球暗面混入深点的粉色，整体暗面混入浅蓝色。

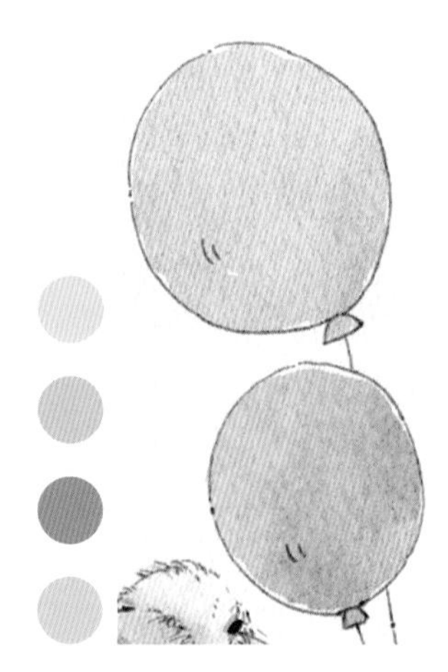

09 新建“正片叠底模式”图层，用“软湿边笔刷”选黄色和粉色平涂加深气球暗面，再用“涂抹工具”过渡边缘。

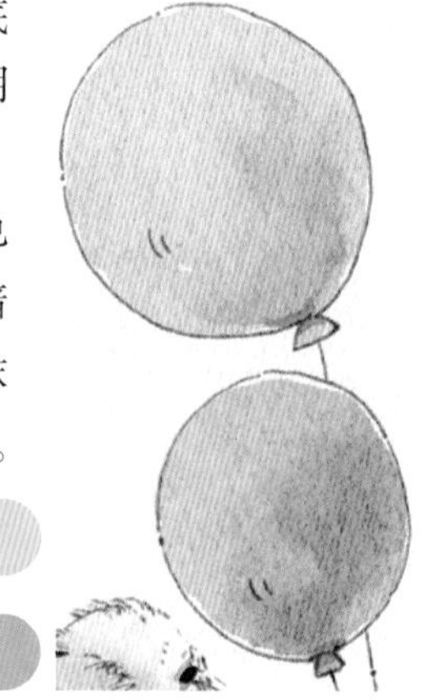

10 在“线稿图层”下方新建图层，用“白墨笔刷”选白色，给整体加上高光，降低笔刷不透明度，给气球两边加上反光，再用“小墨点笔刷”涂一些白点。

11 在最下方新建图层，用“干水彩笔刷”选灰蓝色平涂投影，用“涂抹工具”过渡投影后边以及部分边缘，“阿尔法锁定”图层，用“湿海绵笔刷”混入主体环境色。至此，兔子与郁金香绘制完成。

9.4 刺猬与蘑菇

准备绘制刺猬的时候，正好是采各种蘑菇的季节，看到牛肝菌的造型特别可爱，胖乎乎的，把它与刺猬组合一起画。

扫码观看视频

【线稿颜色】

【案例用色参考】

素材图

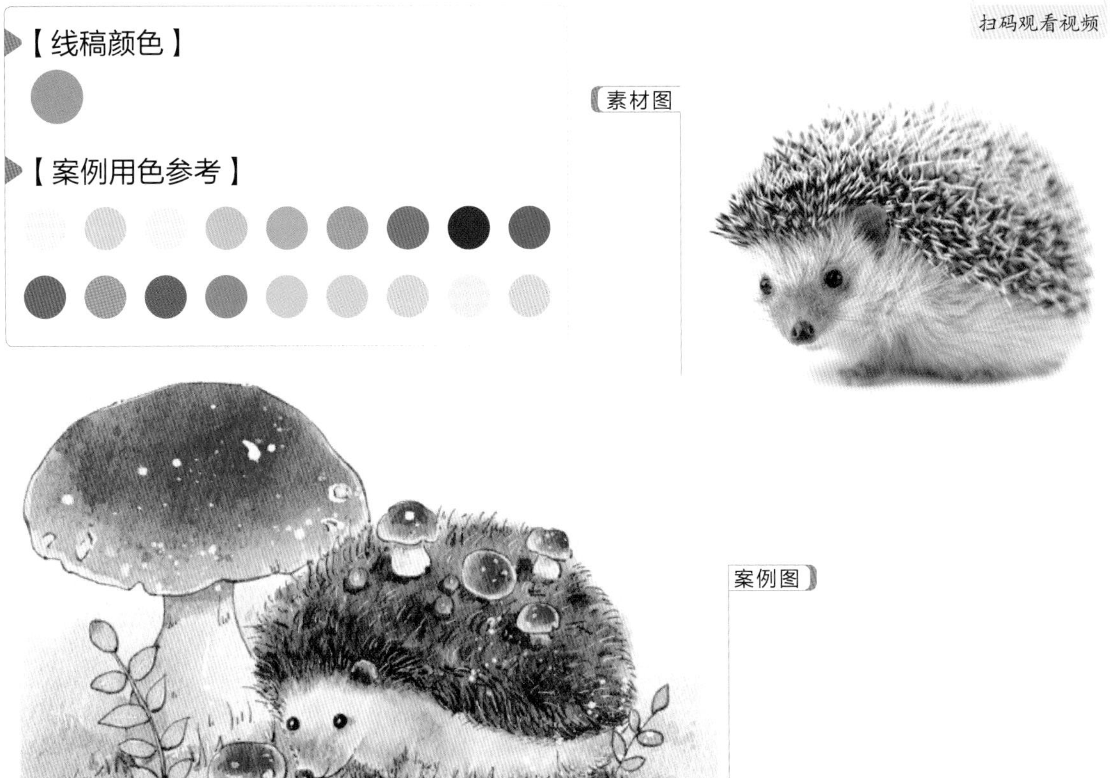

案例图

9.4.1 刺猬与蘑菇草图

【草图重点】

刺猬的脸是三角形的，身体比较圆润，后背有很多毛刺。

【草图步骤】

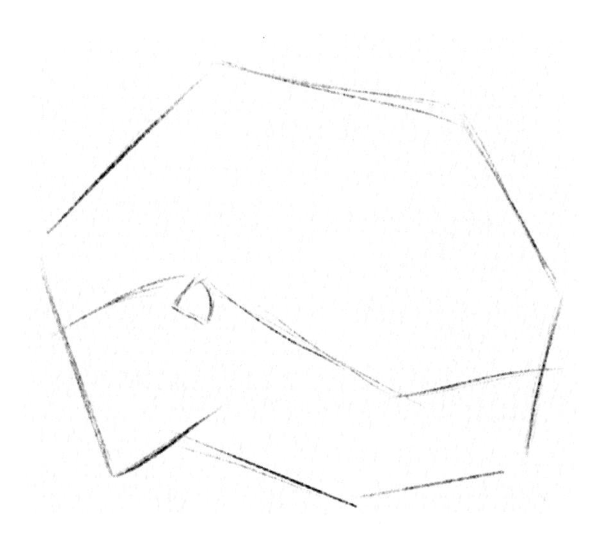

01 在“草图图层”用“铅笔笔刷”选黑色绘制草图。用直线刻画出刺猬的大概轮廓。

02 用弧线细化刺猬造型，小笔触刻画出毛刺。

03 将蘑菇和草地都刻画出来，草地也简单地用直线概括轮廓。

9.4.2 刺猬与蘑菇线稿

【线稿步骤】

01 将“草图图层”不透明度降低，“线稿图层”模式改为“正片叠底”。

02 在“线稿图层”用“钢笔笔刷”选色卡里的棕色来绘制线稿。刻画刺猬、草地时，用长短不一的小短线概括即可。线稿完成后需隐藏“草图图层”。

9.4.3 刺猬与蘑菇上色

【上色重点】

蘑菇是棕色调的，为了和刺猬颜色区分开来，色调会涂得更偏红棕色，饱和度也更高些。刺猬的毛刺可以多用小笔触来表现质感。

【上色步骤】

01 在“线稿图层”下方新建四个图层，用“手绘”选取工具将刺猬、小蘑菇、大蘑菇、叶子选取出来，分别填充白色实底，方便后续用“剪辑蒙版”功能上色，使颜色涂不到线稿外。

02 新建图层“剪辑蒙版”到刺猬白底，用“湿海绵笔刷”选淡黄色、浅粉色、黄棕色晕染。

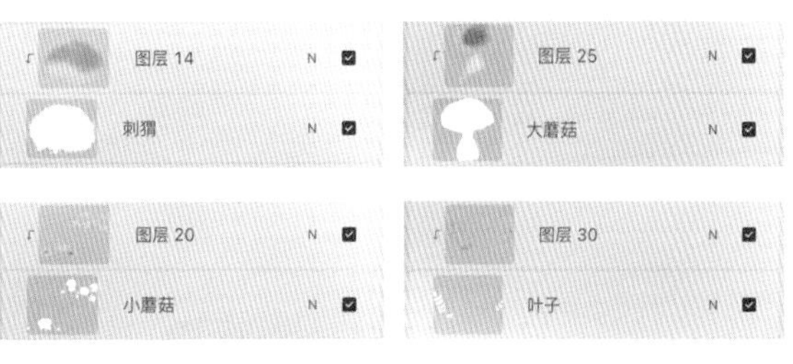

03 新建“正片叠底模式”图层“剪辑蒙版”，用“干水彩笔刷”选深红棕色平涂眼睛和鼻子，粉色平涂脸部和肚子。用“软湿边笔刷”选棕色，以小笔触顺着毛刺的生长方向平涂，注意随时调整笔刷不透明度，营造深浅变化。

04 用“涂抹工具”过渡整体，注意保留部分笔触，增加质感。

05 新建“正片叠底模式”图层“剪辑蒙版”，将“软湿边笔刷”调小，选棕色，顺着毛刺的生长方向把毛刺一根根地画出来，注意根部粗，尖部细。

06 新建图层“剪辑蒙版”到小蘑菇白底，用“湿海绵笔刷”选黄色晕染底部，选橘黄色、红棕色、红色晕染加深蘑菇和浆果，浅蓝色晕染暗面。

07 新建“正片叠底模式”图层“剪辑蒙版”，用“软湿边笔刷”选红棕色加深蘑菇顶部。

08 新建图层“剪辑蒙版”到大蘑菇白底，用“湿海绵笔刷”选浅黄色晕染整体，再选黄色、红色及红棕色晕染加深蘑菇，暗面混入一点浅蓝色。

09 新建“正片叠底模式”图层“剪辑蒙版”，用“软湿边笔刷”选黄棕色、灰黄色平涂加深蘑菇暗面。

10 用“涂抹工具”过渡边缘，再用“小墨点笔刷”涂墨点增加质感。新建图层，用“干水彩笔刷”选浅米色将蘑菇破了的缺口涂出来。

11 在最下方新建图层，用“矩形”选取工具框选出草地的上色区域，填充白底。

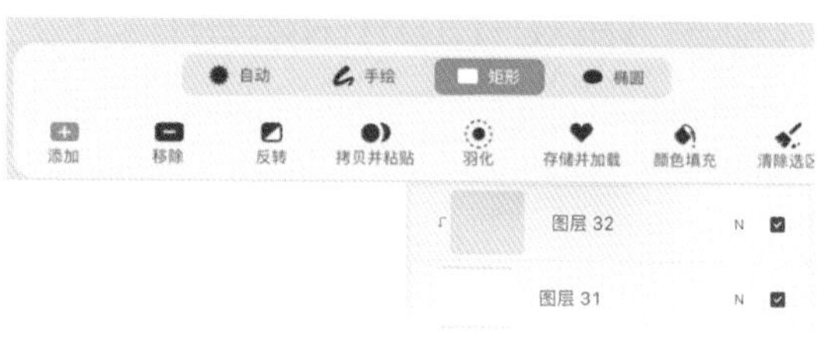

12 新建图层“剪辑蒙版”，用“软湿边笔刷”选浅绿色平涂底色，用“湿海绵笔刷”选浅黄色晕染，再新建“正片叠底模式”图层“剪辑蒙版”，用“软湿边笔刷”选浅绿色、蓝绿色平涂加深草地。

13 用“涂抹工具”过渡草地色块边缘，使整体柔和。

14 新建图层“剪辑蒙版”到叶子白底，用“干水彩笔刷”选绿色平涂叶子，“阿尔法锁定”图层，再用“湿海绵笔刷”选蓝绿色、粉色晕染叶子暗部和尖部。

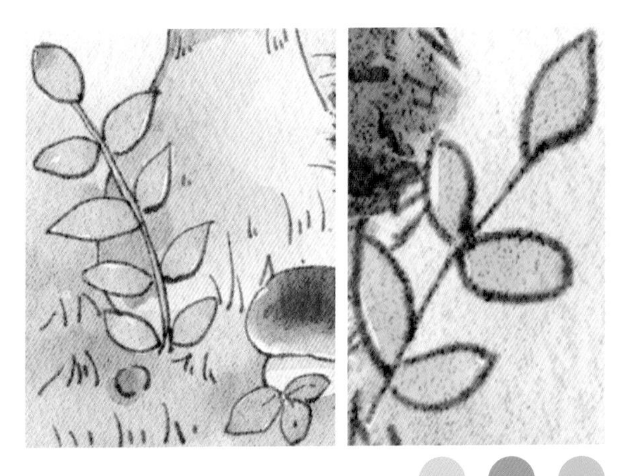

15 新建“正片叠底模式”图层，用“湿海绵笔刷”以长短不一的小笔触，选绿色由浅到深画出部分小草，依旧是根部粗尖部细。

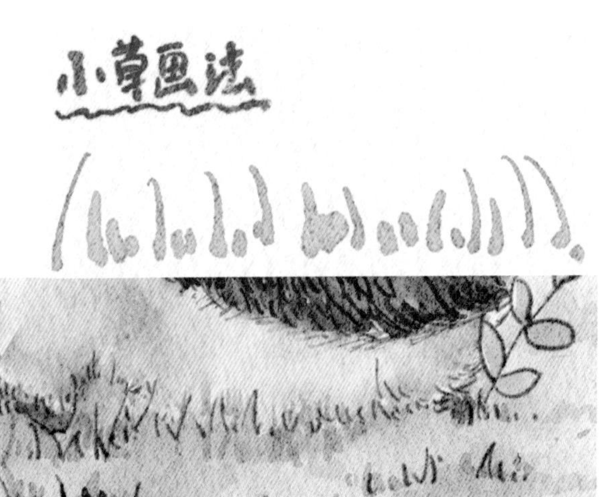

16 在“线稿图层”下方新建图层，用“白墨笔刷”选白色，将刺猬的毛刺和草地加上细小高光，一定要顺着其生长的方向来加。

17 画出蘑菇的大高光，用“小墨点笔刷”选白色，给整体涂上一些白点增加质感。至此，刺猬与蘑菇绘制完成。

第10章 暖系淡彩市场小景

10.1　编织花盆

这是在上海的花鸟市场拍到的一角，是三种材质、款式不一样的花盆。

扫码观看视频

【线稿颜色】

【案例用色参考】

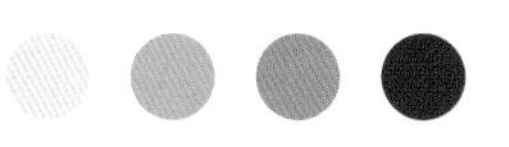

素材图

案例图

10.1.1 编织花盆草图

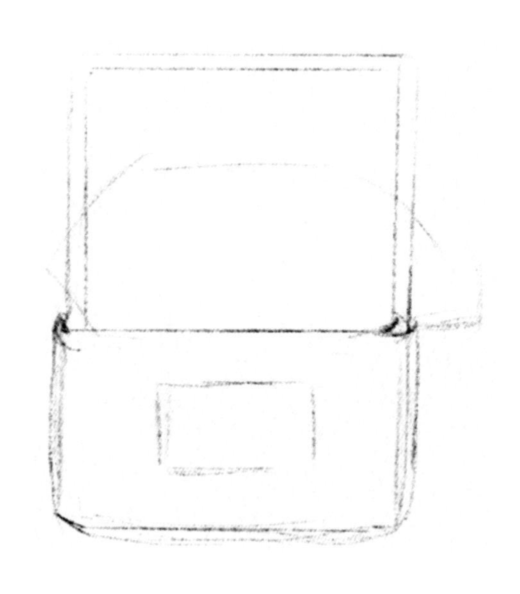

【草图重点】

素材图中有的花盆摆得正，有的摆得倾斜，绘制的时候要注意每个花盆的角度透视。每个花盆的植物都不一样，编织篮的花卉叶子细长，类似草，而右边的花是大片叶子和一团的形状。

【草图步骤】

01 在“草图图层”用“铅笔笔刷”选黑色绘制草图。用矩形和直线简单画出花篮轮廓。

02 花盆画好后，用弧线刻画出编织篮的花卉，花朵数量简单圈出来即可。

03 继续用弧线刻画细节，特别是编织篮的细节需要着重细化，方便后续画线稿。

10.1.2 编织花盆线稿

【线稿步骤】

01 将“草图图层”不透明度降低，“线稿图层”模式改为“正片叠底”。

02 在“线稿图层”用“钢笔笔刷”选色卡里的棕色来绘制线稿。编织篮的编织纹路都不一样，刻画的时候线稿要有区别，且编织篮的花卉叶子细长，类似草，线稿要画得细长柔软。线稿完成后需隐藏“草图图层”。

10.1.3 编织花盆上色

【上色重点】

编织花盆和水泥花盆的上色方式是不一样的，编织的花盆要注意保留笔触，增加质感，而水泥的花盆简单晕染过渡即可。

【上色步骤】

01 在“线稿图层”下方新建图层，用“干水彩笔刷”选浅黄色、黄色、浅灰紫色平涂三个花盆。

02 “阿尔法锁定”图层，用“湿海绵笔刷”选橘黄色、浅蓝色、浅黄色晕染混色花盆。

03 新建“正片叠底模式”图层，用“软湿边笔刷”选棕色、黄色、灰蓝色平涂加深花盆，注意编织篮需根据藤条走向来加深暗面，再用“涂抹工具”过渡边缘。

04 新建图层，用“干水彩笔刷”选粉色、红色、紫色和浅绿色平涂出花朵，灰蓝色和棕色平涂标签装饰。新建“正片叠底模式”图层，吸取花朵颜色加深暗面。

05. 新建图层，用“干水彩笔刷”选绿色平涂花篮的绿叶，新建“正片叠底模式”图层，选深点的绿色加深绿叶投影。

06. 新建图层，用“干水彩笔刷”继续选不同的绿色平涂植物，红掌花选黄色和红色平涂。“阿尔法锁定”图层，用“湿海绵笔刷”将叶子亮面混入黄绿色，暗面混入蓝绿色。

07. 新建“正片叠底模式”图层，用“干水彩笔刷”选浅黄色和红色加深红掌花，再吸取植物绿色加深暗面。

08. 新建图层，用“干水彩笔刷”选红棕色平涂花盆泥土，紫色平涂花朵，再新建“正片叠底模式”图层，用灰蓝色加深手提袋花盆。

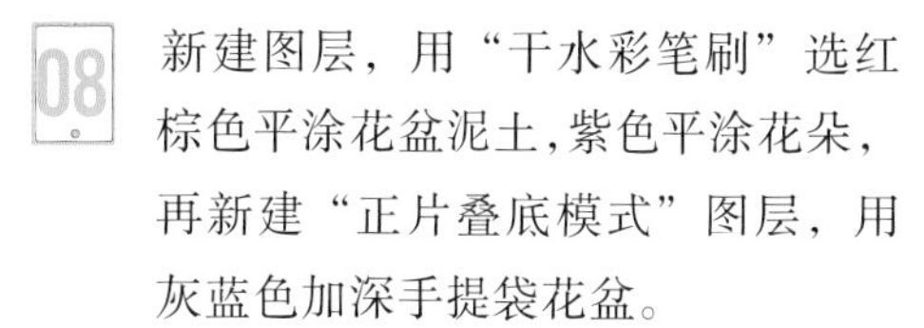

09 在最下方新建图层，用“软湿边笔刷”选灰蓝色平涂出投影，用“涂抹工具”过渡部分边缘，“阿尔法锁定”图层，用“湿海绵笔刷”吸取盆栽颜色，混入浅黄色及浅紫色，丰富环境色。

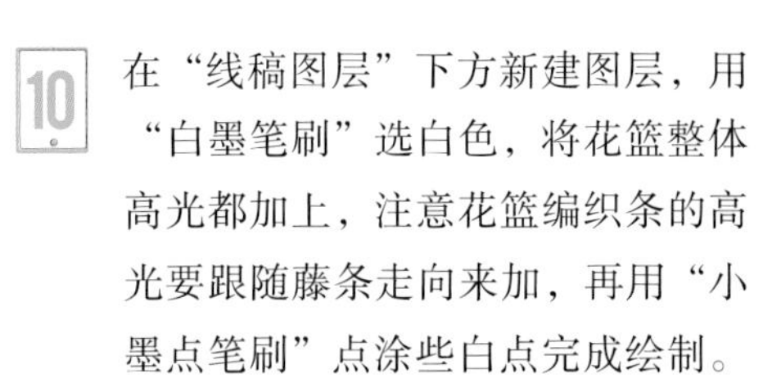

10 在“线稿图层”下方新建图层，用“白墨笔刷”选白色，将花篮整体高光都加上，注意花篮编织条的高光要跟随藤条走向来加，再用“小墨点笔刷”点涂些白点完成绘制。

10.2 邮筒

扫码观看视频

阳光正好的午后，去了上海浪漫的甜爱路，漂亮的光斑洒满了一条街的墙面，路过一家“甜爱咖啡馆”门口，看到了这个红色爱心邮筒，上面写满了各种浪漫的话语，很特别。

【线稿颜色】

【案例用色参考】

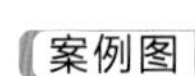

素材图

10.2.1 邮筒草图

【草图重点】

这是从正面拍的，所以看不到邮筒顶部，邮筒呈圆形，绘制的时候需要注意弧度。

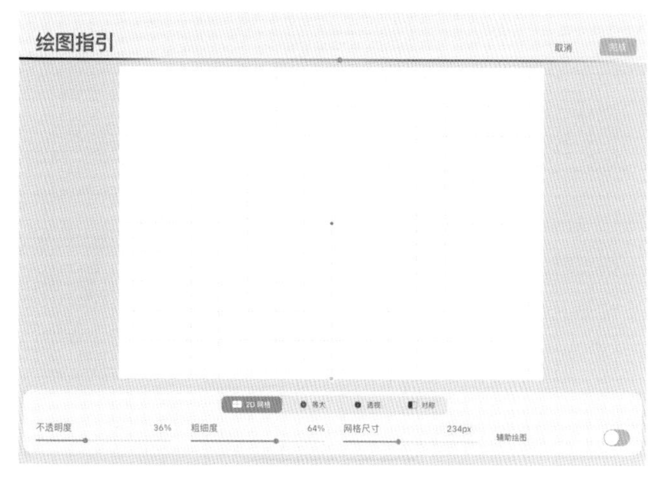

【草图步骤】

01 打开“绘图指引”的“2D 网格”功能，把“网格尺寸”调到合适大小。在“草图图层”用“铅笔笔刷”选黑色绘制草图。用直线简单地刻画出邮筒中间，接着把盖子和底座都刻画出来，邮筒中间的装饰口都是稍微朝左的。

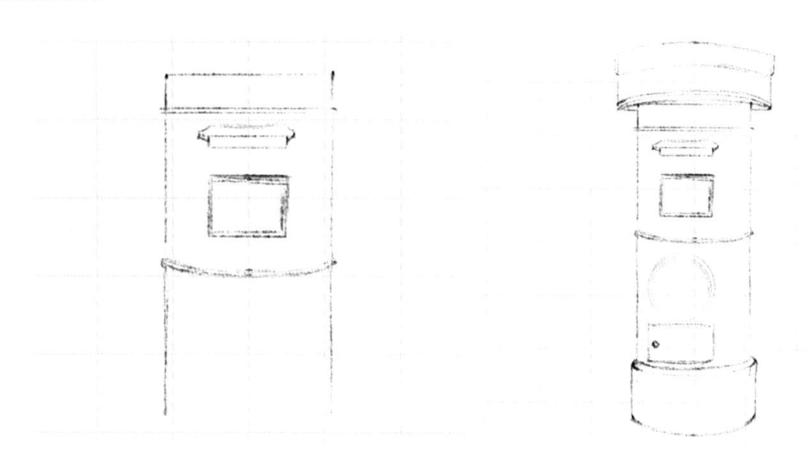

02 邮筒绘制完成后，再用直线刻画出地面的宽度，椅子用简单的弧线勾勒出来，再给椅子加上一个带有爱心的信封，增加浪漫氛围。草图完成后关掉“2D 网格”。

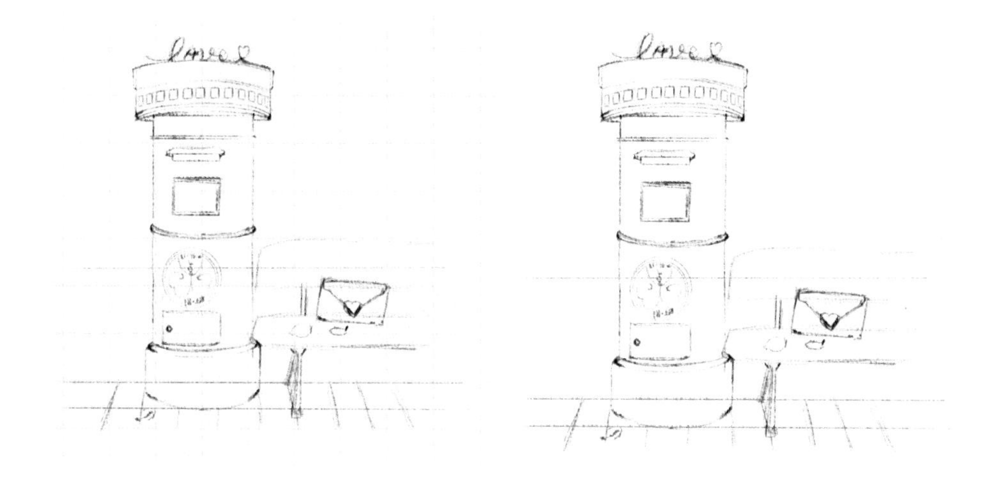

10.2.2 邮筒线稿

【线稿步骤】

01 将“草图图层”不透明度降低，“线稿图层”模式改为“正片叠底”。

02 在“线稿图层”用“钢笔笔刷”选色卡里的棕色来绘制线稿。先刻画邮筒，线条尽量直些，接着再把椅子和地面刻画出来。线稿绘制完成后需隐藏“草图图层”。

10.2.3 邮筒上色

【上色重点】

为了让邮筒整体看起来更浪漫些，邮筒和椅子的颜色会浅些、偏暖些。这次上色还利用图层的“添加模式”来晕染出午后的光影效果，也是这个案例的上色重点。

【上色步骤】

01 在“线稿图层”下方新建图层，用“干水彩笔刷”选红色平涂邮筒底色，将底色图层多复制几份合并，“阿尔法锁定”图层，填充白色实底，再把底色“剪辑蒙版”到白底。

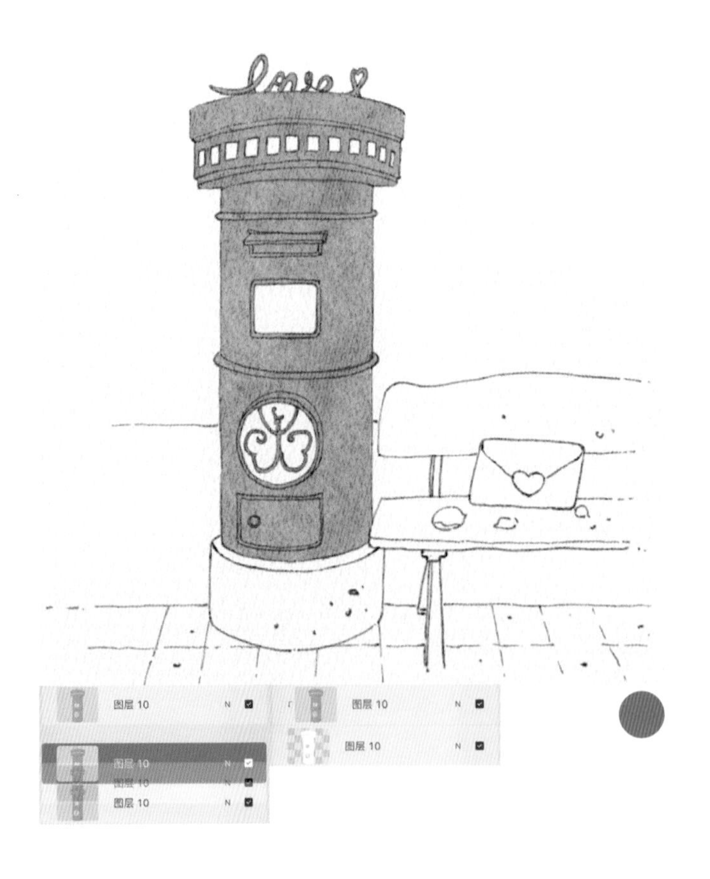

02 用“湿海绵笔刷”选橘红色和浅黄色晕染右边亮面，选玫粉色和浅蓝色晕染左边暗面。

03 新建“正片叠底模式”图层“剪辑蒙版”，用“软湿边笔刷”选浅点的红色加深邮筒暗面，再用浅粉色加强邮筒明暗交界线，用“涂抹工具”过渡边缘。

04 新建“正片叠底模式”图层“剪辑蒙版”，用“软湿边笔刷”选深红色，平涂加深邮筒暗面，再用“涂抹工具”过渡边缘，增加立体感。

05 新建图层，用“手绘”选取工具将邮筒黑色底座选取并填充白色实底，新建图层“剪辑蒙版”，用“干水彩笔刷”选深灰蓝色平涂底色，颜色不够深，所以把底色复制一份加深。

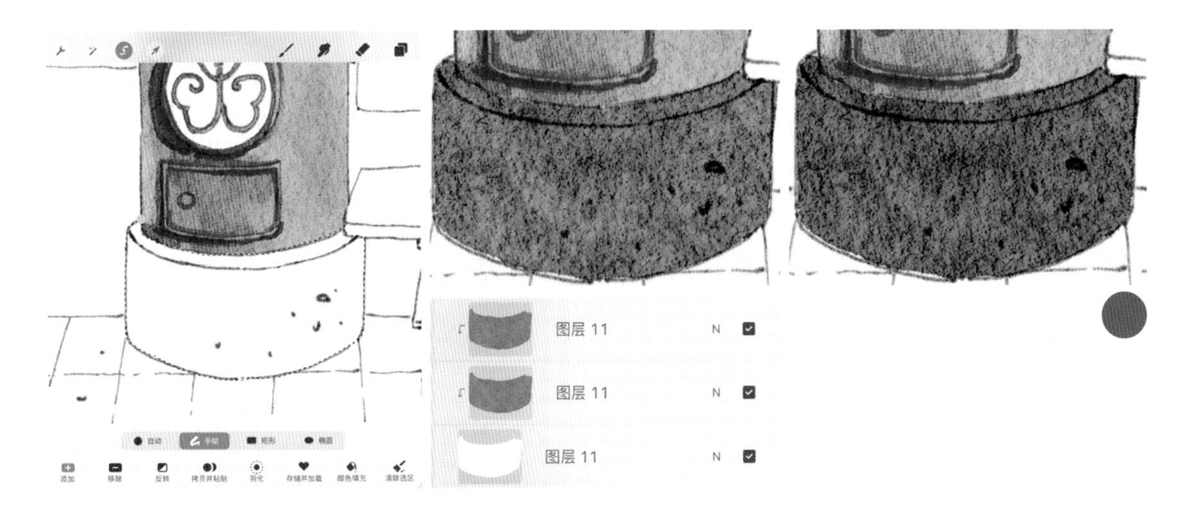

06 新建图层“剪辑蒙版”，用“湿海绵笔刷”选紫色晕染暗面，用“软湿边笔刷”选深灰蓝色加深邮筒，再用“涂抹工具”过渡边缘。

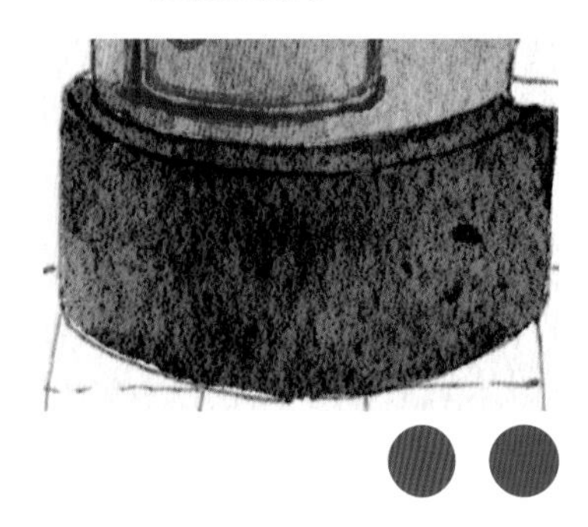

07 新建“正片叠底模式”图层“剪辑蒙版”，用“软湿边笔刷”选深蓝色加深边缘暗面。

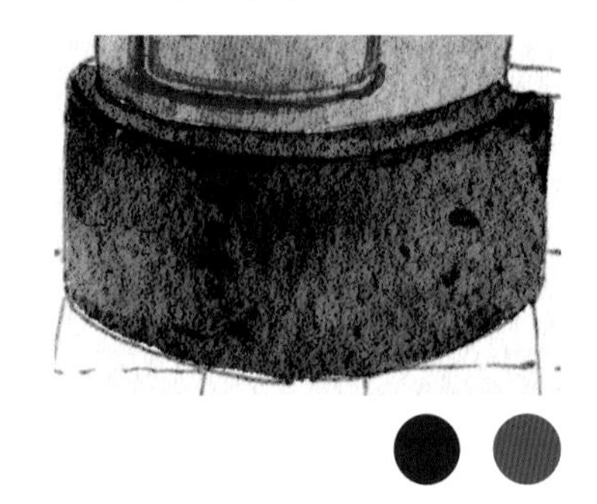

08 在邮筒下方新建图层，用“手绘”选取工具将邮筒白色区域选取出来并填充白底，新建图层“剪辑蒙版”，用“干水彩笔刷”选灰蓝色平涂暗面，再用“涂抹工具”过渡部分边缘。

09 新建图层，用“手绘”选取工具将椅子选取出来并填充白色实底，新建图层“剪辑蒙版”，用“干水彩笔刷”选土黄色平涂椅子。

10 用“湿海绵笔刷”选橘黄色和蓝色晕染椅子，再新建“正片叠底模式”图层“剪辑蒙版”，用“软湿边笔刷”选浅黄色加深出投影，降低笔刷不透明度表现出木板纹理。

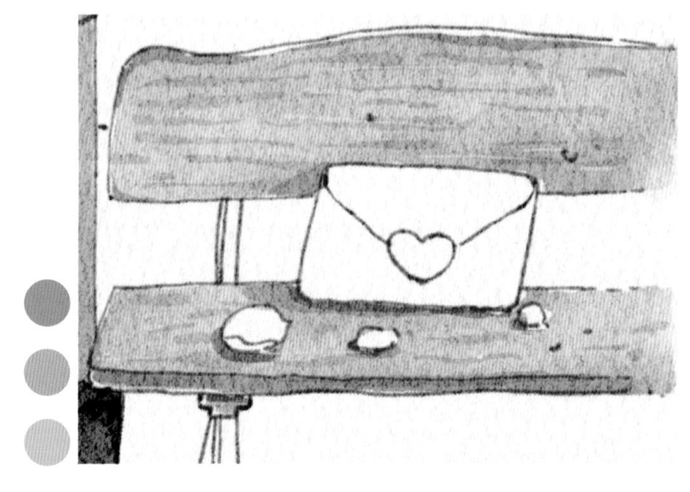

11 新建图层，用“干水彩笔刷”选深棕色平涂椅子腿，再新建“正片叠底模式”图层，将椅子腿左边暗面加深。

12 新建图层，用“干水彩笔刷”选粉色和红色平涂信封和花瓣，“阿尔法锁定”图层，在暗面混入一点浅蓝色。再新建“正片叠底模式”图层，用粉色加深信封投影。

13 在最下方新建图层，用“矩形”选取工具将背景框选出来并填充白色实底，新建图层“剪辑蒙版”到背景白底。

14 用“干水彩笔刷”选灰蓝色和土黄色，平涂背景和地面。再用“涂抹工具”过渡边缘，用“湿海绵笔刷”选粉色和黄色晕染背景。

15 新建“正片叠底模式”图层“剪辑蒙版”，用“软湿边笔刷”选深灰蓝色加深墙面，选黄灰色加深地面，用“涂抹工具”过渡部分边缘。

16 在邮筒上方新建“正片叠底模式”图层，用“干水彩笔刷”选深灰蓝色平涂出椅子和邮筒的投影，选红色加上爱心和字，用“涂抹工具”过渡右边椅子投影，“阿尔法锁定”图层，用“湿海绵笔刷”混入一些邮筒和椅子的环境色。

17 在“线稿图层”下方新建图层，用“白墨笔刷”选白色，平涂出整体的高光，用“小墨点笔刷”涂一些白点增加质感。

18 新建图层，用“压力水彩笔刷”选浅黄色平涂出光斑，用“涂抹工具”过渡部分边缘，注意光斑要有大有小，颜色随用笔力度会呈现深浅变化。至此，完成邮筒绘制。

第11章

暖系淡彩日式小店建筑

11.1 少女杂货铺

扫码观看视频

这是位于上海重庆南路上的一家杂货店，少女心满满的风格，很可爱，店铺后面的砖纹墙面也很漂亮。

【线稿颜色】

【案例用色参考】

素材图

案例图

11.1.1 少女杂货铺草图

【草图重点】

为了让构图更和谐，所以增加了两个盆栽装饰，盆栽的造型不一样。

【草图步骤】

01 打开“绘图指引”的“2D 网格”功能，把“网格尺寸”调到合适大小。在“草图图层”用“铅笔笔刷”选黑色绘制草图。用直线刻画出几何图形，将店铺的大轮廓和结构表现出来。

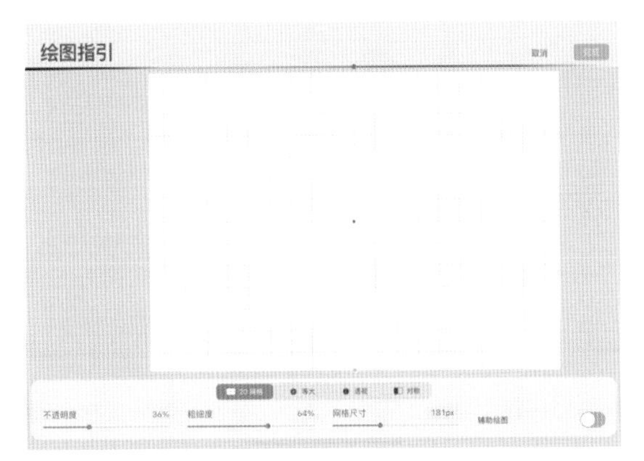

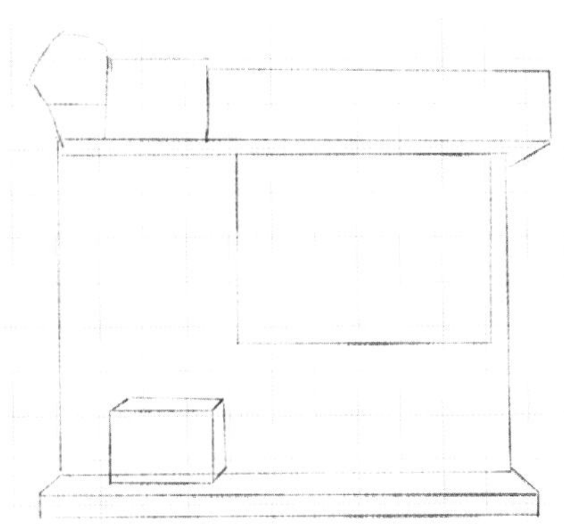

02 用弧线将整体的细节都加上，细致刻画造型。

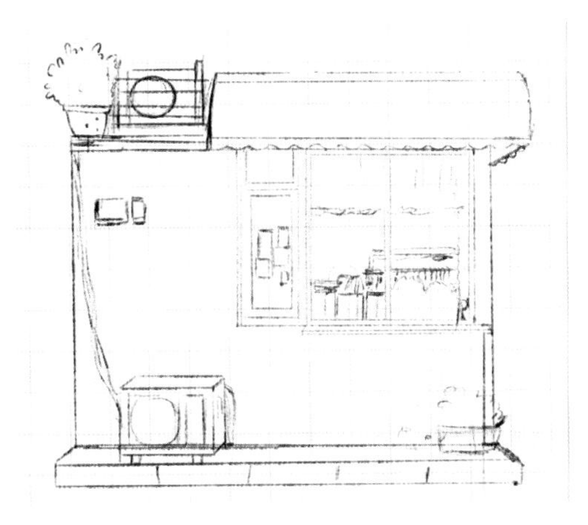

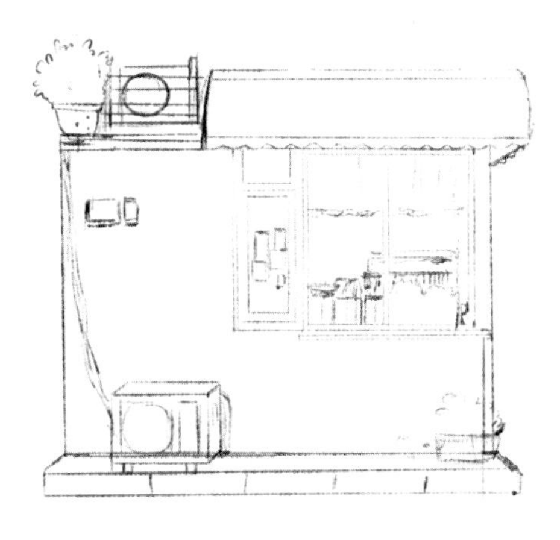

11.1.2 少女杂货铺线稿

【线稿步骤】

01 将“草图图层”不透明度降低，“线稿图层”模式改为“正片叠底”。

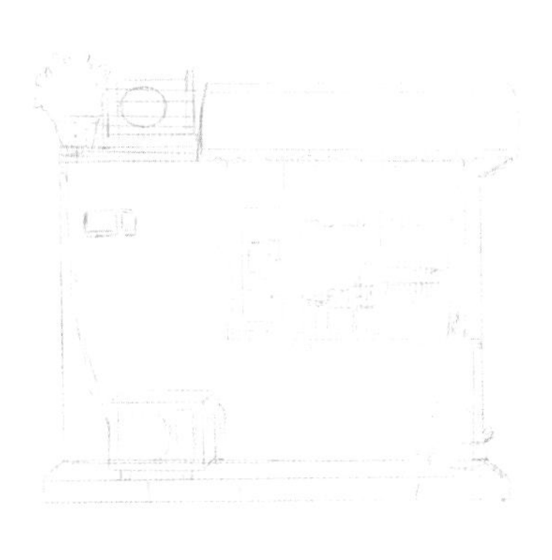

02 在“线稿图层”用“钢笔笔刷”选色卡里的棕色来绘制线稿。先将店铺大轮廓线条刻画出来，线条要干净，窗帘的褶皱不明显，绘制的时候可以用短虚线表现。线稿绘制完成后需隐藏“草图图层”。

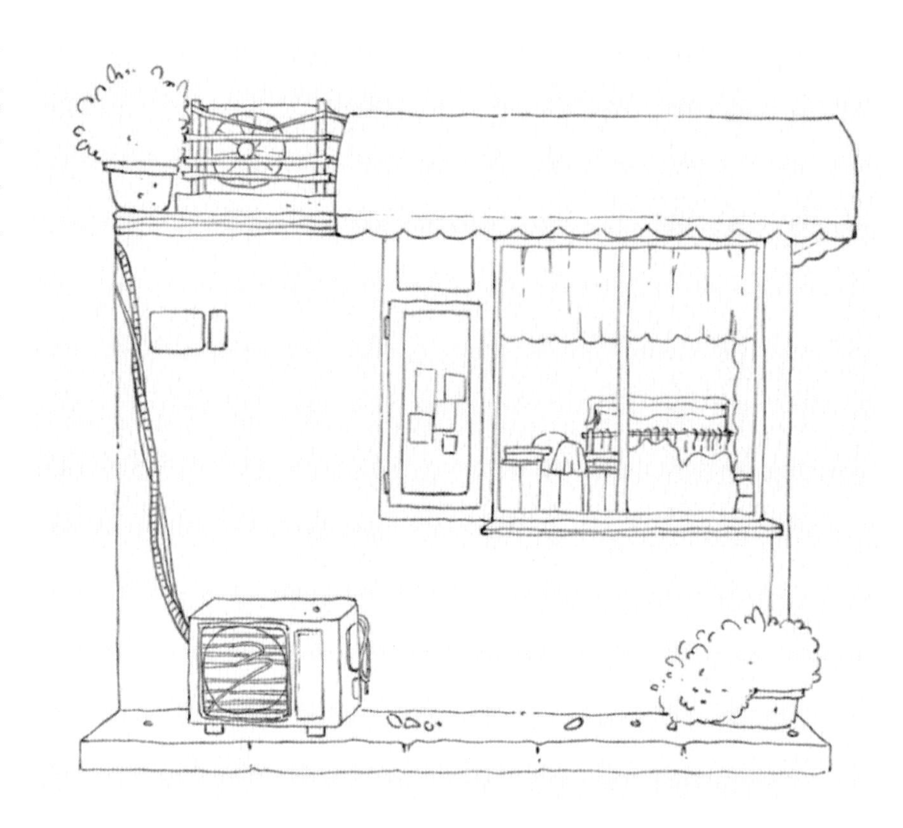

11.1.3 少女杂货铺上色

【上色重点】

砖纹虽然看着很多且复杂，其实只需画两排，再用复制功能将砖纹图案复制铺满墙面，这样简单、快捷。

【上色步骤】

01 在“线稿图层”下方新建两个图层，用“手绘”选取工具将窗户和招牌选取出来并填充白色实底，方便后续用“剪辑蒙版”功能上色，使颜色涂不到线稿外。

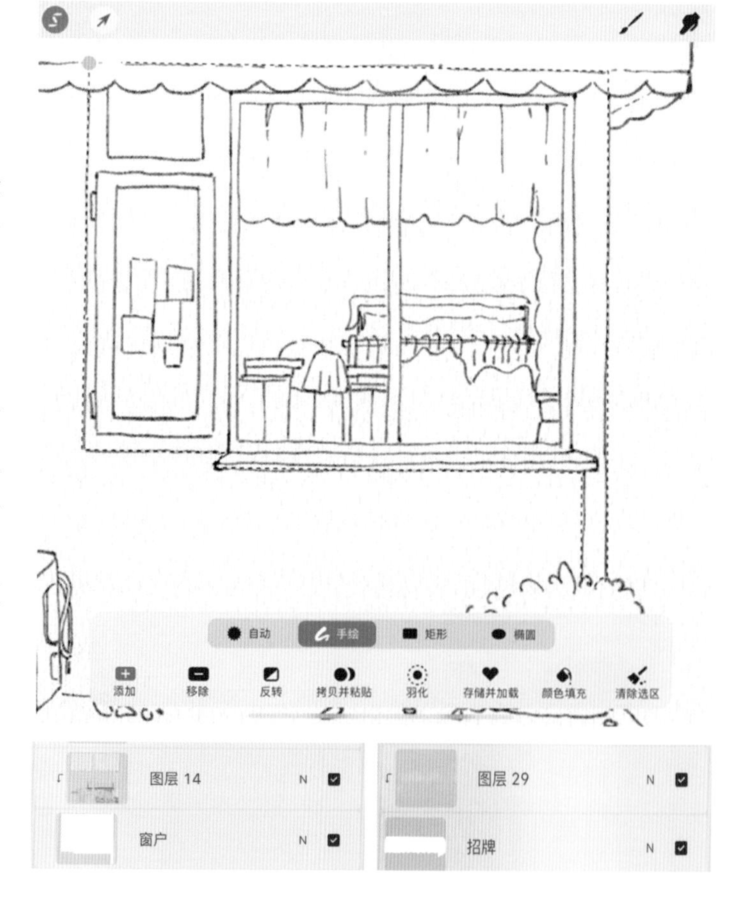

02 新建图层“剪辑蒙版”到窗户白底，用“干水彩笔刷”选不同的颜色将窗户都平涂出来。

03 新建“正片叠底模式”图层，用“软湿边笔刷”吸取底色，将整体暗面加深。

04 新建图层“剪辑蒙版”，用“浓湿边笔刷”选灰蓝色平涂出玻璃区域，用“湿海绵笔刷”选浅蓝色和浅粉紫色晕染。

05 将图层复制一份，模式改为“正片叠底”，加深玻璃颜色，用“湿海绵笔刷”选浅蓝色提亮，选粉色和紫色晕染混色。

06 新建图层“剪辑蒙版”，用“干水彩笔刷”选白色平涂窗上的贴纸底色，再用粉色、黄色和绿色上色。

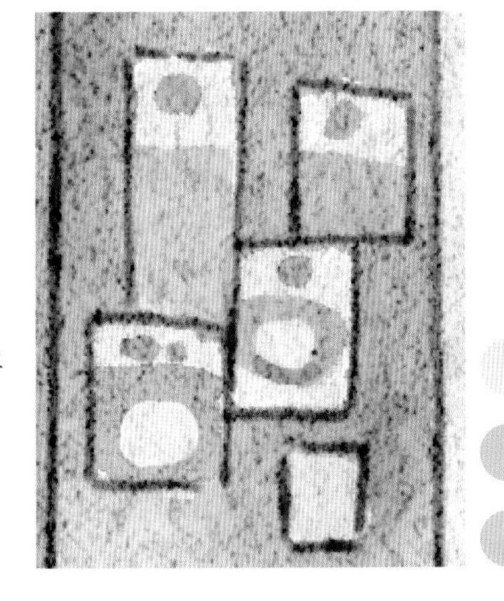

07 新建“正片叠底模式”图层“剪辑蒙版”，用“干水彩笔刷”吸取玻璃颜色，将投影都晕染出来，再选紫色平涂招牌在窗户上的投影，“阿尔法锁定”图层，用“湿海绵笔刷”混入一点灰蓝色晕染，注意光是从左上方来的。

08 新建图层“剪辑蒙版”到招牌白底，用“湿海绵笔刷”选灰色、浅黄色、粉紫色浅浅晕染。再新建“正片叠底模式”图层，用“软湿边笔刷”选浅灰蓝色加深招牌暗面。

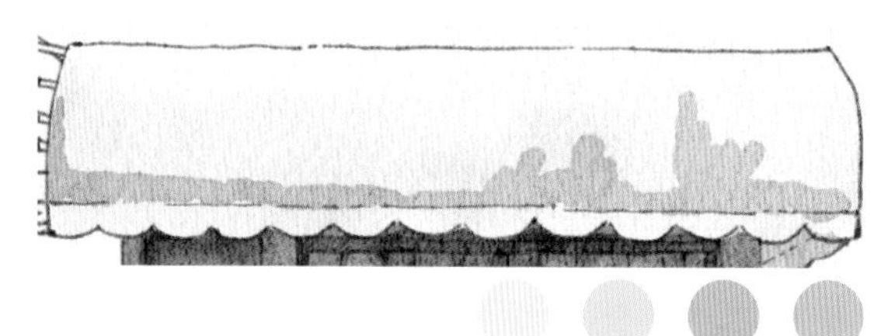

09 用“涂抹工具”过渡色块边缘，再用小笔触表现出质感。

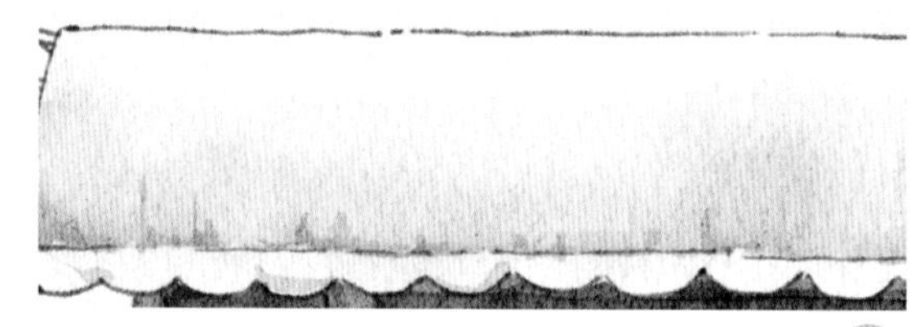

10 用“手绘”选取工具将上边空调选取出来并填充白色实底。新建图层“剪辑蒙版”，用“湿海绵笔刷”选粉色、浅黄色、灰蓝色晕染。再新建“正片叠底模式”图层，用“软湿边笔刷”选灰蓝色、灰紫色加深暗面，用“涂抹工具”过渡边缘。

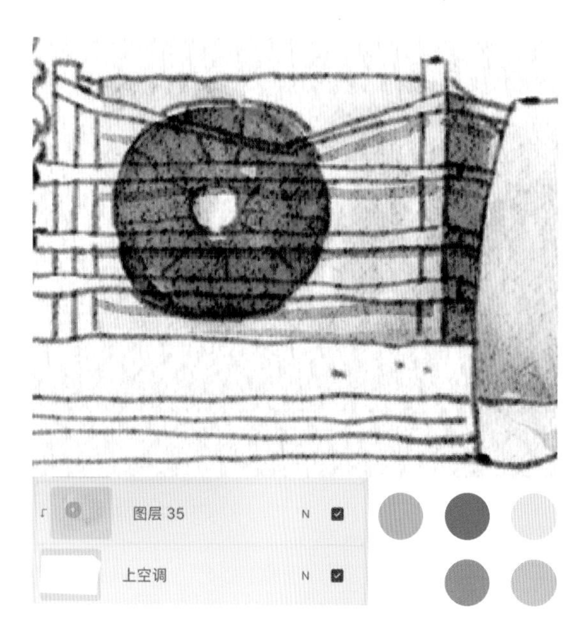

11 新建图层，用“白墨笔刷”选白色平涂出木框，“阿尔法锁定”图层，用“干水彩笔刷”选浅棕色平涂底部，再新建“正片叠底模式”图层加深木框暗面和纹理。

12 用“手绘”选取工具将盆栽选取出来并填充白色实底。新建图层“剪辑蒙版”，用“干水彩笔刷”选嫩绿色和蓝绿色平涂植物，选棕色和红棕色平涂花盆。再用“湿海绵笔刷”给植物亮面混入黄绿色晕染。

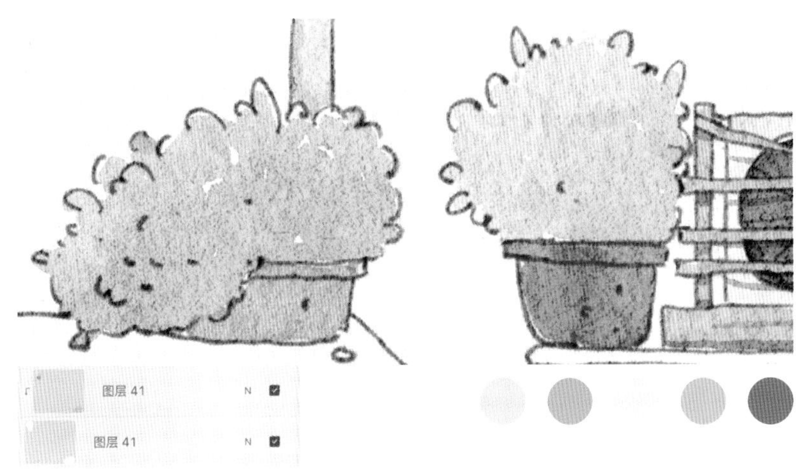

13 新建“正片叠底模式”图层，吸取盆栽底色加深整体暗面。

14 在下方新建两个图层，用“手绘”选取工具将落地空调和墙面选取出来并填充白色实底。将“绘图指引”的“2D 网格”打开，将“网格尺寸”调整为 57px。

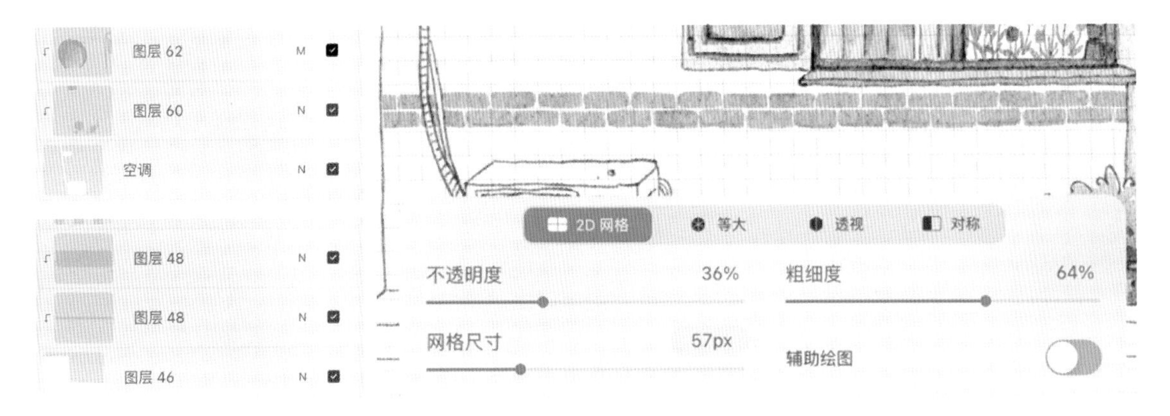

15 新建图层“剪辑蒙版”到墙面白底，用“干水彩笔刷”选橘黄色，用网格辅助，整齐平涂出长方形的砖块，上下两排砖缝需错开，完成后关掉“2D 网格”。

16 将砖块图案图层复制挪动并摆好合并，“阿尔法锁定”图层，用“干水彩笔刷”选浅粉色、浅黄色、砖红色平涂丰富色调，再将图层复制两份移动，将砖纹铺满墙面。

17 新建图层“剪辑蒙版”到空调白底，用“湿海绵笔刷”选灰蓝色和粉色晕染空调，再用“干水彩笔刷”选灰蓝色和灰紫色平涂空调，绿色平涂门牌。

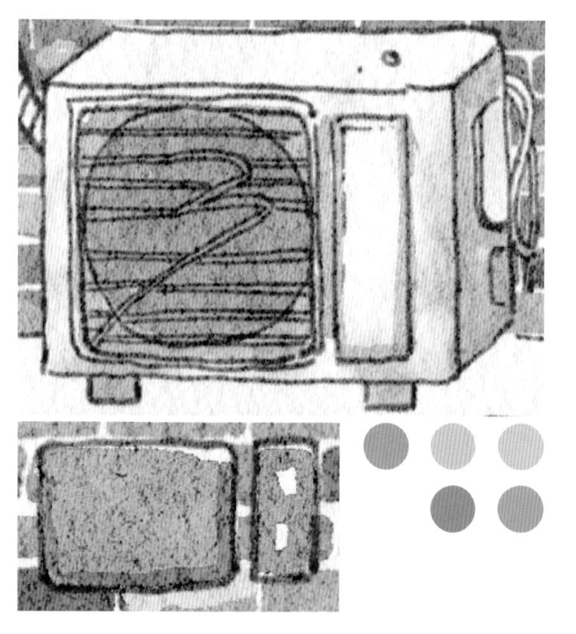

18 新建“正片叠底模式”图层“剪辑蒙版”，用“软湿边笔刷”选深灰蓝色和绿色加深空调以及门牌。再新建图层用“白墨笔刷”选白色，将门牌号和空调罩网涂出来，选深蓝色和玫粉色涂出空调图案。

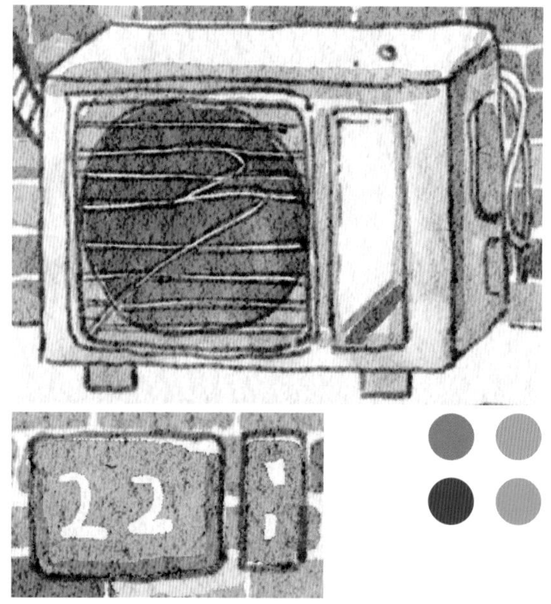

19 在下方新建图层，用“干水彩笔刷”选灰蓝色平涂地面和墙边缘。新建“正片叠底模式”图层，用“干水彩笔刷”选灰紫色加深，再用“湿海绵笔刷”选粉色晕染加深。

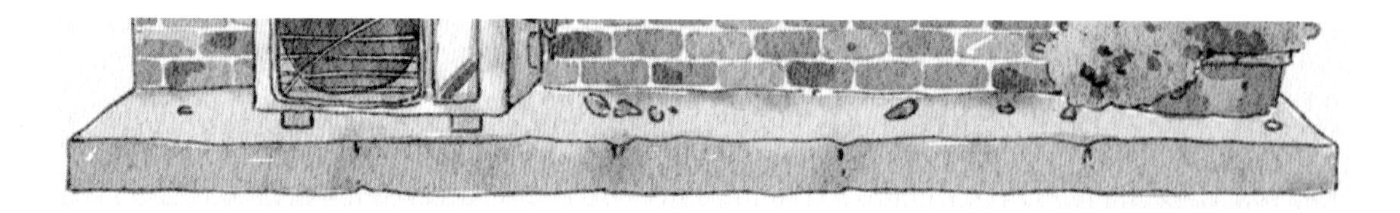

20 在上方新建“正片叠底模式”图层，用“干水彩笔刷”选深灰蓝色加深地面投影，选深灰紫色加深墙面投影。

21 在“线稿图层”下方新建图层，用“白墨笔刷”选绿色、粉色和橘黄色将店铺名字涂出来，再选白色将整体高光都加上，用“小墨点笔刷”涂一些白点增加质感。至此，少女杂货铺就绘制完成了。

11.2 日式美甲店

在上海永嘉路街边看到的一家日式美甲店，蓝色风格的门店，在这条街上很醒目。

扫码观看视频

【线稿颜色】

【案例用色参考】

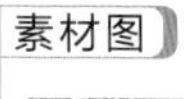

案例图

11.2.1 日式美甲店草图

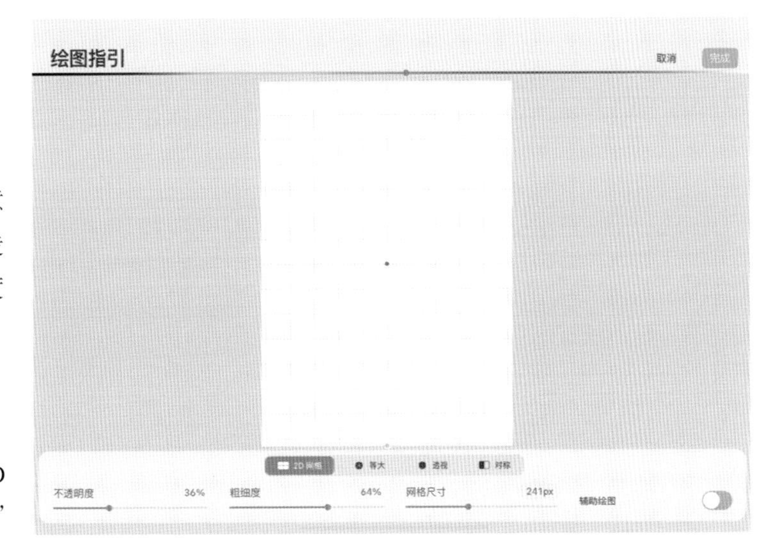

【草图重点】

两层的店，一楼比二楼高些，一般绘制两层建筑需要特别注意每层之间的宽高比例，为了让造型更美观，一楼的招牌形状角度可夸大些。

【草图步骤】

01 打开“绘图指引”的“2D网格”功能，把“网格尺寸”调到合适大小。

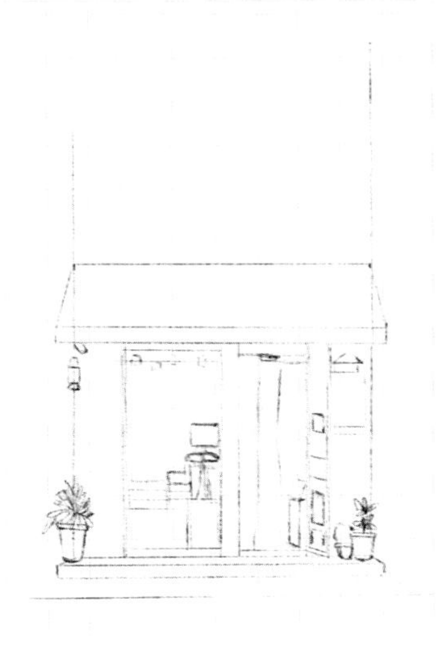

02 在“草图图层”用“铅笔笔刷”选黑色绘制草图。先用直线将一楼店面的轮廓画出来，再刻画细节，接着用直线概括二楼宽高。

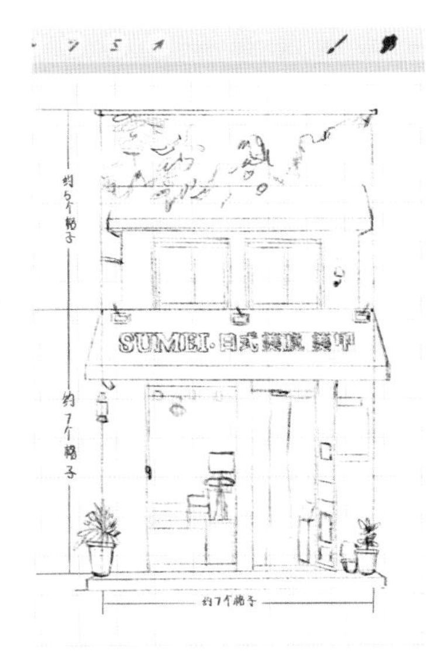

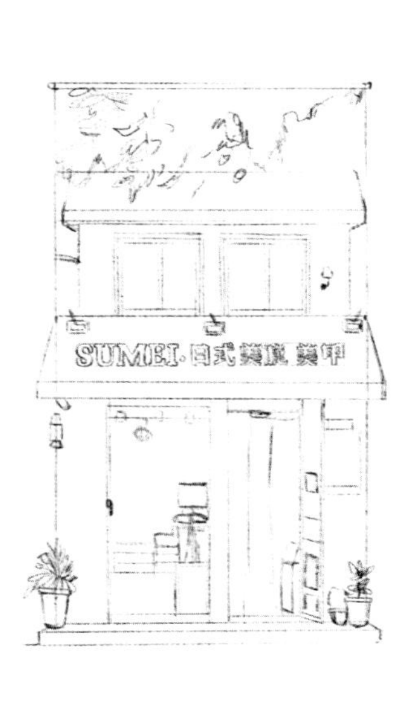

03 二楼可加一些树叶丰富画面，注意，网格尺寸是241px，建筑整体宽度约7个格子，一楼包括招牌高约7个格子，二楼高约5个格子，一定要巧用网格辅助定位宽高。草图完成后关掉“2D网格”。

11.2.2 日式美甲店线稿

【线稿步骤】

01 将“草图图层”不透明度降低，“线稿图层”模式改为“正片叠底”。

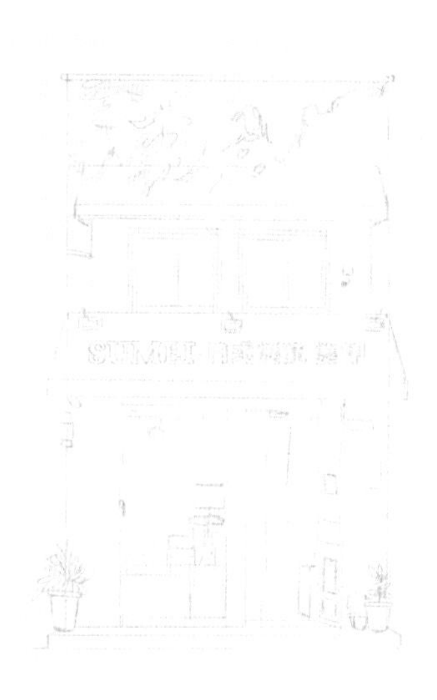

02 在“线稿图层”用“钢笔笔刷”选色卡里的棕色来绘制线稿。刻画楼层高的建筑，宽高线条一定要直。树叶比较复杂不规则，刻画的时候边缘起伏一定要有变化，看起来才自然。

11.2.3 日式美甲店上色

【上色重点】

实际店铺颜色是较深的，为了看起来清新些，画店铺的色调整体可以浅一点。前景树叶投影在了墙面上，给人光照很足的感觉。

【上色步骤】

01 在“线稿图层”下方新建三个图层，用“手绘”选取工具把建筑、招牌、绿植盆栽分别选取并填充白色实底，方便后续用“剪辑蒙版”功能上色，使颜色涂不到线稿外。

02 新建图层“剪辑蒙版”到绿植白底，用“干水彩笔刷”选不同的绿色平涂植物，“阿尔法锁定”图层，用“湿海绵笔刷”选黄绿色晕染亮面，蓝绿色晕染暗面，解锁图层用“干水彩笔刷”选土黄色、棕色、红棕色平涂花盆。

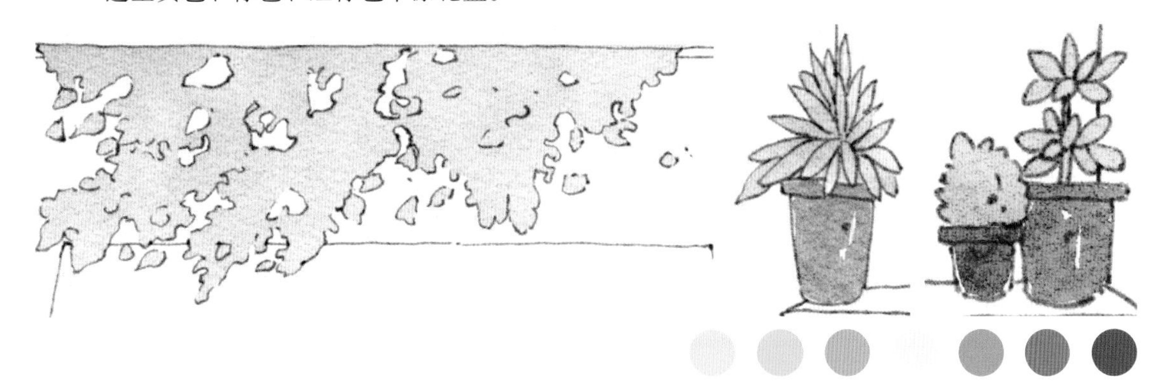

03 新建“正片叠底模式”图层“剪辑蒙版”，用“软湿边笔刷”选和植物一样的绿色，平涂加深植物暗面，吸取花盆底色加深花盆暗面，注意光是从右上方来的。

04 新建图层“剪辑蒙版”到招牌白底，用“干水彩笔刷”选蓝色和深蓝色平涂，再用“湿海绵笔刷”选浅蓝色和浅紫色晕染混色。

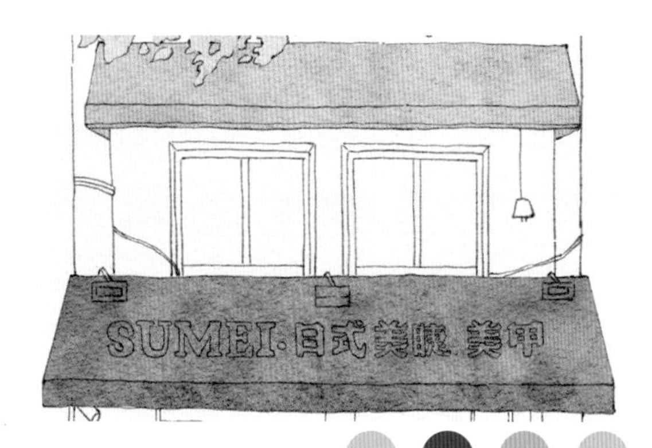

05 新建“正片叠底模式”图层“剪辑蒙版”，用“软湿边笔刷”选浅蓝色，将上边招牌的条纹涂出来，再用“干水彩笔刷”继续选蓝色将两个招牌暗面加深。

06 新建图层，用“白墨笔刷”选白色将店名涂出来,用“干水彩笔刷”选深蓝色和浅灰蓝色将装饰灯都涂出来。

07 新建图层“剪辑蒙版”到建筑白底，用“干水彩笔刷”选蓝色平涂一楼墙面，“阿尔法锁定”图层，用“湿海绵笔刷”在暗面混入浅紫色，亮面混入浅黄色。

08 新建图层“剪辑蒙版”，用“干水彩笔刷”选蓝色和深灰蓝色，平涂门、灯、展示牌，选浅黄色和米色平涂其他小物件。“阿尔法锁定”图层，用“湿海绵笔刷”选橘黄色和浅蓝色晕染窗帘暗面。

09 新建“正片叠底模式”图层“剪辑蒙版”，用“干水彩笔刷”选红色和浅蓝色平涂门的装饰，再吸取门的底色加深暗面，选灰一点的蓝色加深墙面投影。

10 新建“正片叠底模式”图层“剪辑蒙版”，用“干水彩笔刷”选浅灰蓝色平涂一楼暗面和玻璃，用“湿海绵笔刷”选紫色晕染混色。

11 新建“正片叠底模式”图层“剪辑蒙版”，用“干水彩笔刷”选灰紫色平涂加深暗面，用“涂抹工具”过渡边缘。

12 新建图层“剪辑蒙版”，用“压力水彩笔刷”选浅黄色将灯光晕染出来。

13 新建图层“剪辑蒙版”，用“湿海绵笔刷”选浅蓝色、浅黄色、浅紫色和浅粉色晕染二楼墙面。

14 新建图层“剪辑蒙版”，用“干水彩笔刷”选灰蓝色和红棕色，给玻璃和装饰上色。“阿尔法锁定”图层，用“湿海绵笔刷”给玻璃混入蓝色，丰富色调。

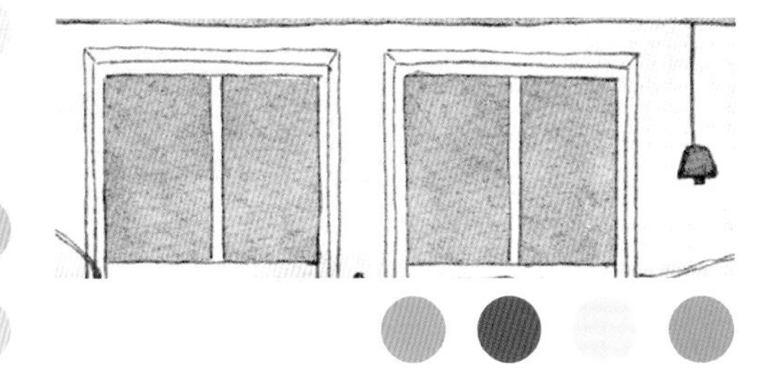

15 新建“正片叠底模式”图层，用“干水彩笔刷”选浅灰蓝色将二楼和一楼的投影平涂出来，用“涂抹工具”过渡窗户投影边缘。“阿尔法锁定”图层，用“湿海绵笔刷”在二楼招牌投影混入一点蓝色。

16 新建“正片叠底模式”图层，用“浓湿边笔刷”选浅灰蓝色，将树叶投影以及一楼招牌投影都平涂出来。

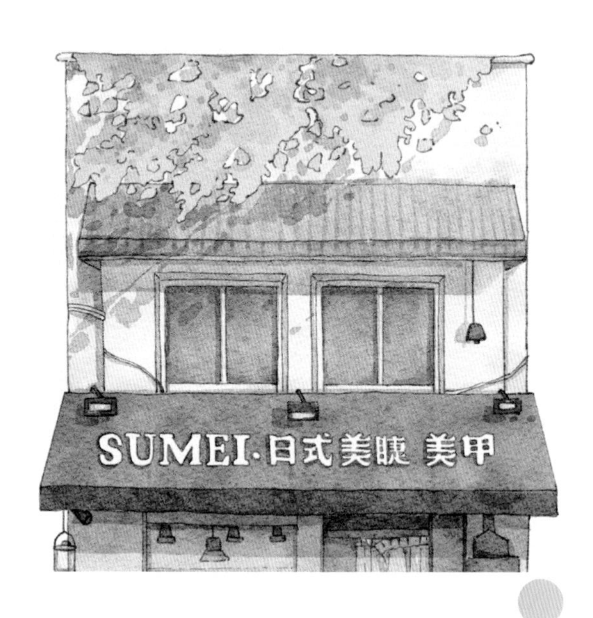

17 在所有图层最下方新建图层，用“干水彩笔刷”选浅黄色平涂台阶，新建“正片叠底模式”图层，选灰蓝色加深台阶暗面。“阿尔法锁定”图层，用“湿海绵笔刷”选粉色晕染。

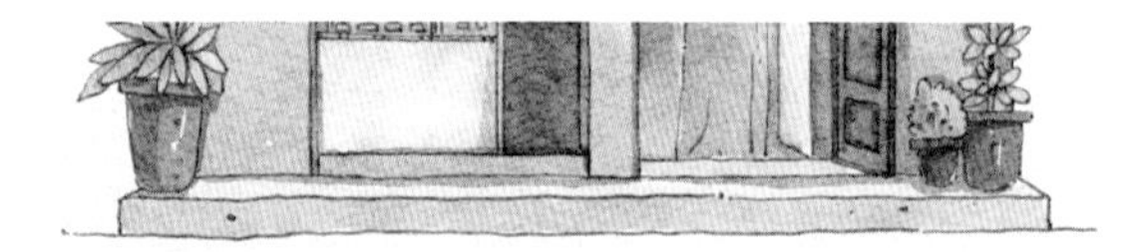

18 在“线稿图层”下方新建图层，用“压力水彩笔刷”选浅黄色把一楼灯光加强。

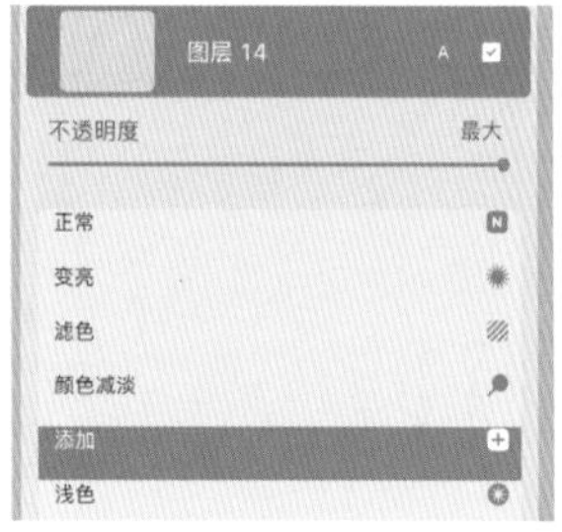

19 新建图层，用“白墨笔刷”选白色给整体加上高光，再用“小墨点笔刷”涂一些白点增加质感。至此，日式美甲店绘制完成了。